概率论与数理统计
练习与测试
（第二版）

南京工业大学数学系 编

苏州大学出版社

图书在版编目(CIP)数据

概率论与数理统计练习与测试/南京工业大学数学系编.—2版.—苏州:苏州大学出版社,2018.10(2024.12重印)
ISBN 978-7-5672-2625-8

Ⅰ.①概⋯ Ⅱ.①南⋯ Ⅲ.①概率论-高等学校-习题集②数理统计-高等学校-习题集 Ⅳ.①O21-44

中国版本图书馆 CIP 数据核字(2018)第 195505 号

概率论与数理统计练习与测试(第二版)
南京工业大学数学系 编
责任编辑 征 慧

苏州大学出版社出版发行
(地址:苏州市十梓街1号 邮编:215006)
苏州工业园区美柯乐制版印务有限责任公司印装
(地址:苏州工业园区双马街97号 邮编:215121)

开本 787 mm×1 092 mm 1/16 印张 11.25 字数 260 千
2018 年 10 月第 2 版 2024 年 12 月第 10 次印刷
ISBN 978-7-5672-2625-8 定价:29.00 元

苏州大学版图书若有印装错误,本社负责调换
苏州大学出版社营销部 电话:0512-67481020
苏州大学出版社网址 http://www.sudapress.com

前 言

要学好概率论与数理统计,总离不开解题.通过解题,可以加深对所学课程内容的理解,灵活地掌握运算方法和提高自己的解题技巧,培养分析问题、解决问题的能力.因此,如何帮助学生提高解题能力是当前高校数学课程改革的一项重要任务.

为了帮助学生更好地完成作业,并能系统地复习、巩固所学知识,我们组织部分教师针对概率论与数理统计课程的特点,编写了这本《概率论与数理统计练习与测试》.全书共八章内容,每章内容包括基础题、提高题、重点与难点分析以及综合题.

考虑到不同专业对概率论与数理统计的学习要求不同,以及部分学生将来考研的需要,每章设置了自我测试题,还配备了一些综合题,供学有余力的学生选做.另外,书中还配了期末模拟试卷以及期末真题,便于学生自测.书末附有参考答案.

本书是在多年使用的讲义基础上修改而成的,是多位教师共同努力的结晶.本书的编写人员有马树建、郑冬梅、王刚、杨赟、张丽丽、申敏、陈建丽、刘浩等,全书由郑冬梅负责统稿.

由于编者的水平有限,加之时间仓促,书中错误和不当之处在所难免,敬请广大读者批评指正.

南京工业大学数学系
2018 年 5 月

目 录

第1章　事件与概率
基础题 …………………………………………………………………………… 1
提高题 …………………………………………………………………………… 6
重点与难点分析 ………………………………………………………………… 8
综合题 …………………………………………………………………………… 12
参考答案 ………………………………………………………………………… 14

第2章　随机变量及其分布
基础题 …………………………………………………………………………… 15
提高题 …………………………………………………………………………… 22
重点与难点分析 ………………………………………………………………… 25
综合题 …………………………………………………………………………… 29
参考答案 ………………………………………………………………………… 31

第3章　多维随机变量及其分布
基础题 …………………………………………………………………………… 33
提高题 …………………………………………………………………………… 39
重点与难点分析 ………………………………………………………………… 42
综合题 …………………………………………………………………………… 47
参考答案 ………………………………………………………………………… 50

第4章　随机变量的数字特征
基础题 …………………………………………………………………………… 55
提高题 …………………………………………………………………………… 59
重点与难点分析 ………………………………………………………………… 62
综合题 …………………………………………………………………………… 65
参考答案 ………………………………………………………………………… 68

第5章　大数定律与中心极限定理
基础题 …………………………………………………………………………… 71
提高题 …………………………………………………………………………… 74

  重点与难点分析 ·· 75
  综合题 ·· 78
  参考答案 ·· 79

第 6 章　数理统计的基本概念

  基础题 ·· 81
  提高题 ·· 84
  重点与难点分析 ·· 87
  综合题 ·· 91
  参考答案 ·· 93

第 7 章　参数估计

  基础题 ·· 95
  提高题 ·· 100
  重点与难点分析 ·· 101
  综合题 ·· 105
  参考答案 ·· 106

第 8 章　假设检验

  基础题 ·· 107
  提高题 ·· 113
  重点与难点分析 ·· 114
  综合题 ·· 117
  参考答案 ·· 118

概率论期末模拟试卷一 ·· 119
概率论期末模拟试卷二 ·· 123
概率论期末模拟试卷三 ·· 127
概率论期末真题 ·· 131
概率统计期末模拟试卷一 ·· 135
概率统计期末模拟试卷二 ·· 139
概率统计期末模拟试卷三 ·· 143
概率统计期末模拟试卷四 ·· 147
概率统计期末真题一 ·· 151
概率统计期末真题二 ·· 155
参考答案 ··· 159

第1章 事件与概率

基 础 题

1. 设 A, B, C 表示三个事件,利用 A, B, C 表示下列事件：
(1) A 出现, B, C 都不出现；
(2) A, B 都出现, C 不出现；
(3) 三个事件都出现；
(4) 三个事件中至少有一个出现；
(5) 不多于一个事件出现；
(6) 三个事件都不出现；
(7) 不多于两个事件出现；
(8) 三个事件中至少有两个出现.

2. 试写出下列试验的样本空间：
(1) 记录一个班级学生一次数学考试成绩的平均分数(百分制)；
(2) 同时掷出 3 颗骰子,记录 3 颗骰子点数之和；
(3) 生产某种产品,直到有 10 件正品为止,记录生产该产品的总数；
(4) 在单位圆内任取一点,记录它的坐标.

3. 指出下列命题哪些成立,哪些不成立,并说明理由.
(1) $A \cup B = A\bar{B} \cup B$； (2) $\overline{AB} = A \cup B$； (3) $\overline{A \cup BC} = \bar{A}\bar{B}\bar{C}$；
(4) $(AB)(A\bar{B}) = \varnothing$； (5) 若 $A \subset B$,则 $A = AB$； (6) 若 $AB = \varnothing$ 且 $C \subset A$,则 $BC = \varnothing$.

4. 从一批由 45 件正品、5 件次品组成的产品中任意抽取 3 件,求恰有 1 件次品的概率.

5. 从 1,2,3,4,5 这 5 个数中任意取出 3 个,组成一个三位数,求下列事件的概率:
(1) 三位数是奇数;　　　　(2) 三位数为 5 的倍数;
(3) 三位数为 3 的倍数;　　(4) 三位数小于 350.

6. 在 1700 个产品中有 500 个次品、1200 个正品,现任取 200 个,求:
(1) 恰有 90 个次品的概率;　(2) 至少有 2 个次品的概率.

7. 某油漆公司发出 17 桶油漆,其中白漆 10 桶、黑漆 4 桶、红漆 3 桶.由于标签脱落,交货人只好随意地将这些油漆发给顾客.试问一个订货为 4 桶白漆、3 桶黑漆和 2 桶红漆的顾客,能按所订颜色如数得到订货的概率是多少?

8. 设 A,B 是两个事件，且 $P(A)=0.6, P(B)=0.7$，问：
   (1) 在什么条件下，$P(AB)$ 取到最大值？最大值是多少？
   (2) 在什么条件下，$P(AB)$ 取得最小值？最小值是多少？

9. 设 A,B,C 是三个事件，且 $P(A)=P(B)=P(C)=\dfrac{1}{4}$，$P(AB)=P(BC)=0$，$P(AC)=\dfrac{1}{8}$，求：(1) A,B,C 至少发生一个的概率；(2) A,B,C 都不发生的概率．

10. 已知 $P(A)=\dfrac{1}{4}, P(B|A)=\dfrac{1}{3}, P(A|B)=\dfrac{1}{2}$，试求 $P(B), P(A\cup B)$．

11. 某品牌灯泡能使用到 1000 h 的概率为 0.8，能使用到 1500 h 的概率为 0.3．现有该品牌灯泡已经使用了 1000 h，求该灯泡能使用到 1500 h 的概率．

12. 发报台随机地分别以 0.6 和 0.4 的概率发出信号"·"及"—". 由于系统干扰, 当发报台发出"·"时, 收报台分别以 0.8 和 0.2 的概率收到"·"及"—"; 而发报台发出"—"时, 收报台分别以 0.9 和 0.1 的概率收到"—"及"·". 求:

(1) 收报台收到信号"·"的概率;

(2) 收报台收到信号"·"时, 发报台发出的信号是"·"的概率.

13. 两台车床加工相同型号的零件, 第一台加工的废品率为 0.03, 第二台加工的废品率为 0.02. 加工后的零件放在一起, 已知第一台机器加工的零件占 $\frac{2}{3}$, 现随机地从中抽取 1 件.

(1) 求这件零件为正品的概率;

(2) 若已知这件零件为正品, 求它是第一台车床加工的概率.

14. 某人忘记了电话号码的最后一个数字, 因而他随意地拨号.

(1) 求他拨号不超过三次就能接通所需电话的概率;

(2) 如果已知电话号码的最后一个数字是奇数, 那么他拨号不超过三次就能接通的概率是多少?

15. 有两箱同一种类的零件，第一箱装 50 只，其中 10 只一等品，第二箱装 30 只，其中 18 只一等品. 今从两箱中任取一箱，然后从该箱中取零件两次，每次任取一只，作不放回抽样. 试求：

(1) 第一次取到的零件是一等品的概率；

(2) 在第一次取到的零件是一等品的条件下，第二次取到的也是一等品的概率.

16. 三台机器独立运转着，第一台、第二台、第三台机器正常运转的概率分别为 0.9, 0.8, 0.7. 求：

(1) 三台机器均正常运转的概率；

(2) 至少有一台机器发生故障的概率.

17. 甲、乙、丙三人同时对飞机进行射击，设三人击中飞机的概率分别为 0.4, 0.5, 0.7, 飞机被一人击中而被击落的概率为 0.2，被两人击中而被击落的概率为 0.6，若三人都击中，则飞机必定被击落. 试求飞机被击落的概率.

18. 某地区一年内发生洪水灾害的概率为 0.2，如果每年是否发生洪水灾害是相互独立的，求洪水灾害十年一遇的概率.

提 高 题

1. 在某营业柜台有10个人,分别佩戴从1号到10号的服务号,任选3人,并记录其服务号.求:(1) 最大号码为5的概率; (2) 最小号码为5的概率.

2. 甲、乙两艘轮船要在一个不能同时停泊两艘船的码头停泊,它们在一昼夜内到达该码头的时刻是等可能的.若甲船停泊的时间是1 h,乙船停泊的时间是2 h,试求它们都不需要等待码头空出就可停靠该码头的概率.

3. 把长度为 a 的线段在任意两点折断成为三段,试求它们可以构成一个三角形的概率.

4. 盒子里装有15个乒乓球,其中有9个新球,在第一次比赛中随机从盒子里取出3个,赛后放回盒子里,在第二次比赛时又随机取出3个球,求第二次取出的3个球均为新球的概率.

5. 设一家工厂生产的每台仪器可以直接出厂的概率为 0.7,需要进一步调试的概率为 0.3,而经调试后,可以出厂的概率为 0.8,调试后不能出厂的概率为 0.2.现该厂生产了 n 台仪器(假定每台仪器在生产过程中是相互独立的),求:

(1) 全部可出厂的概率;

(2) 其中恰有 2 台不能出厂的概率;

(3) 其中至少有 2 台不能出厂的概率.

6. 将 A,B,C 三个字母之一输入信道,输出原字母的概率为 α,而输出其他字母的概率都为 $\frac{1-\alpha}{2}$.今将字母串 AAAA,BBBB,CCCC 之一输入信道,输入 AAAA,BBBB,CCCC 的概率分别为 p_1, p_2, p_3,且 $p_1+p_2+p_3=1$.已知输出为 ABCA,问输入的是 AAAA 的概率是多少?(设信道传输每个字母的工作是相互独立的)

重点与难点分析

一、重点解析

学习本章的主要目的是掌握随机事件的描述,准确理解与分析事件结构及关系,通过乘法原理及加法原理的正确使用,熟练进行和事件与积事件的概率计算.这里的关键在于和事件的分情况讨论(即全概率公式的运用),以及积事件的分阶段考虑(即条件概率乘法公式的运用).理解清楚事件关系与相应的概率运算至关重要,它们的主要关系如下表所示:

事件关系与相应的概率运算关系表

	事件关系与运算	相应的概率运算
包含	$B \supset A$:A 发生必将导致 B 发生 (事件 B 包含事件 A)	$P(B) \geq P(A)$
	对任一事件 A:$\varnothing \subset A \subset \Omega$	$0 \leq P(A) \leq 1$
等价	$B=A$:$B \supset A$ 同时 $A \supset B$ (A,B 为等价事件)	$P(B)=P(A)$
互斥 (不相容)	$AB=\varnothing$:A,B 不能同时发生 (A,B 为互斥事件)	$P(AB)=0$
对立 (互逆)	$AB=\varnothing, A \cup B=\Omega$:$A,B$ 不能同时发生,且 A,B 中恰有一个发生 (A,B 互为对立事件)	$P(AB)=0$; $P(A)+P(B)=1$
	记 $B=\overline{A}$:B(即 $\overline{A}$)为 A 的对立事件,且 $A\overline{A}=\varnothing$,$A \cup \overline{A}=\Omega$	$P(A)=1-P(\overline{A})$
互斥完备事件组	n 个事件 $A_1,A_2,\cdots,A_n$ 满足: (1) $A_iA_j=\varnothing$,$i \neq j$,$i,j=1,2,\cdots,n$; $\quad$ ($A_1,A_2,\cdots,A_n$ 两两互斥) (2) $A_1 \cup A_2 \cup \cdots \cup A_n=\Omega$ $\quad$ ($A_1,A_2,\cdots,A_n$ 为完备事件组)	$\sum_{i=1}^{n} P(A_i) = 1$
独立	A,B 的概率满足: (1) $P(B \mid A)=P(B)$; $\quad$ A 发生与否不影响 B 发生的概率 或 A,B 的概率满足: (2) $P(A \mid B)=P(A)$; $\quad$ B 发生与否不影响 A 发生的概率 $\quad$ (A,B 互为独立事件)	$P(AB)=P(A)P(B)$
和(并)	$A \cup B(A+B)$:A,B 至少有一个发生 (A 与 B 的和(A 或 B))	概率加法公式: $P(A \cup B)=P(A)+P(B)-P(AB)$; 若 A,B 为互斥事件: $P(A \cup B)=P(A)+P(B)$

续表

	事件关系与运算	相应的概率运算
积(交)	$AB(A\cap B):A,B$ 同时发生 (A 与 B 的积(A 且 B))	概率乘法公式： $P(AB)=P(A)P(B\mid A)$ $\quad\quad\quad=P(B)P(A\mid B)$; 若 A,B 为独立事件： $P(AB)=P(A)P(B)$
差	$A-B=A\bar{B}:A$ 发生而 B 不发生 (A 与 B 的差(A 且 $\bar{B}$))	$P(A-B)=P(A)-P(AB)$
和积差的特例	$AB\subset A\subset A\cup B(AB\subset B\subset A\cup B)$: 事件求交越求越"小"；事件求并越求越"大"	$P(AB)\leqslant P(A)\leqslant P(A\cup B)$; $P(AB)\leqslant P(B)\leqslant P(A\cup B)$ (概率的单调性)
	在 $A\supset B$ 的约定下：$AB=B,A\cup B=A$ (求交取"小"的，求并取"大"的) 特殊情况下：$A\Omega=A,A\cup\Omega=\Omega$; $A\varnothing=\varnothing,A\cup\varnothing=A$	$P(A-B)=P(A)-P(B)$; $P(AB)=P(B)$; $P(A\cup B)=P(A)$
对偶法则	$\overline{A\cup B}=\bar{A}\bar{B};\overline{AB}=\bar{A}\cup\bar{B}$	$P(\overline{A\cup B})=P(\bar{A}\bar{B})$; $P(\overline{AB})=P(\bar{A}\cup\bar{B})$
互斥分解	$A=AB\cup A\bar{B};A\cup B=A\cup\bar{A}B$	$P(A)=P(AB)+P(A\bar{B})$; $P(A\cup B)=P(A)+P(\bar{A}B)$

二、综合例题

例 1 从 1,2,3,4,5 这五个数中，任取其三，构成一个三位数，试求下列事件的概率：

(1) 三位数是奇数；(2) 三位数为 5 的倍数；(3) 三位数为 3 的倍数；(4) 三位数小于 350.

分析 本题关心的是三位数的构成，由于是从 1,2,3,4,5 这五个数中任取三，构成一个三位数．显然取出的三个数是不同的，故基本事件是三个不同数的一个排列.

解 设 $A=\{$三位数是奇数$\},B=\{$三位数为 5 的倍数$\},C=\{$三位数为 3 的倍数$\},D=\{$三位数小于 350$\}$，基本事件总数为 $A_5^3=60$.

(1) A 的基本事件数为 $A_4^2\times 3$，故 $P(A)=\dfrac{A_4^2\times 3}{A_5^3}=\dfrac{36}{60}=0.6$.

(2) B 的基本事件数为 $A_4^2\times 1$，故 $P(B)=\dfrac{A_4^2\times 1}{A_5^3}=\dfrac{12}{60}=0.2$.

(3) C 的基本事件数为 $4\times 3!$，故 $P(C)=\dfrac{4\times 3!}{A_5^3}=\dfrac{24}{60}=0.4$.

注：三位数为 3 的倍数事实上就是三位数的各位数的和是 3 的倍数.

(4) D 的基本事件数为 $A_4^2\times 2+A_3^1\times A_3^1$，故

$$P(D)=\dfrac{A_4^2\times 2+A_3^1\times A_3^1}{A_5^3}=\dfrac{33}{60}=0.55.$$

例 2 某停车场有 12 个位置排成一列，求有 8 个位置停了车而空着的 4 个位置连在一起的概率.

分析 12 个位置占去 8 个，共有 C_{12}^8 种占位法，故样本空间基本事件总数为 C_{12}^8. 设所求

的事件为 A,则有利于 A 的情形可看成空着的 4 个位置整个作为一个位置而插入 8 个停车位置的中间或两端,为此,事件 A 包含的基本事件数为 9.

解 设 $A=\{$有 8 个位置停了车而空着的 4 个位置连在一起$\}$,基本事件总数为 $C_{12}^8=495$,而事件 A 包含的基本事件数为 9,于是

$$P(A)=\frac{9}{C_{12}^8}=\frac{9}{495}\approx 0.0182.$$

例 3 从 5 双不同的鞋子中任取 4 只,问这 4 只鞋子中至少有 2 只鞋子配成一双的概率是多少?

解 设 $A=\{4$ 只鞋子中至少有 2 只配成一双$\}$,则 $\bar{A}=\{4$ 只鞋子中没有 2 只能配成一双$\}$. 5 双不同的鞋子共有 10 只,任取 4 只,则基本事件总数为 $C_{10}^4=210$.

有利于 $\bar{A}$ 的情形共有 $\frac{10\times 8\times 6\times 4}{4!}$ 种(先在 10 只中取 1 只,去掉能与其配对的 1 只,再在剩下的 8 只中取 1 只,依此类推.因为不考虑取 4 只鞋的次序,所以被 4! 整除).所以

$$P(\bar{A})=\frac{\frac{10\times 8\times 6\times 4}{4!}}{C_{10}^4}=\frac{8}{21},$$

故

$$P(A)=1-P(\bar{A})=1-\frac{8}{21}=\frac{13}{21}\approx 0.619.$$

例 4 某人提出一个问题,甲先答,答对的概率为 0.4;如甲答错,由乙答,答对的概率为 0.5. 求问题由乙答对的概率.

解 设 $A=\{$甲答对$\}$,$B=\{$乙答对$\}$,则要求的概率为 $P(B)$. 因为甲答对了则乙就不用答,故 $AB=\varnothing$,$P(AB)=0$,但 $P(B)=P(AB\cup\bar{A}B)=P(AB)+P(\bar{A}B)=P(\bar{A}B)$,故只需求出 $P(\bar{A}B)$ 即可. 又 $P(\bar{A})=1-P(A)=1-0.4=0.6$,$P(B|\bar{A})=0.5$,所以 $P(\bar{A}B)=P(\bar{A})P(B|\bar{A})=0.6\times 0.5=0.3$,即 $P(B)=0.3$.

例 5 甲、乙、丙三组工人加工同样的零件,出现废品的概率:甲组是 0.01,乙组是 0.02,丙组是 0.03. 将加工完的零件放在同一个盒子里,其中甲组加工的零件是乙组加工的 2 倍,丙组加工的是乙组加工的一半. 现从盒中任取一个零件是废品,求它不是乙组加工的概率.

解 设 A_1,A_2,A_3 分别表示事件"零件是甲组加工的""零件是乙组加工的""零件是丙组加工的",B 表示事件"加工的零件是废品",则

$$P(B|A_1)=0.01, P(B|A_2)=0.02, P(B|A_3)=0.03,$$

$$P(A_1)=\frac{4}{7},\ P(A_2)=\frac{2}{7},\ P(A_3)=\frac{1}{7}.$$

由贝叶斯公式,有

$$P(A_2|B)=\frac{P(A_2)P(B|A_2)}{P(B)}=\frac{\frac{2\times 0.02}{7}}{\frac{4\times 0.01+2\times 0.02+1\times 0.03}{7}}$$

$$=\frac{0.04}{0.04+0.04+0.03}=\frac{4}{11},$$

所以

$$P(\overline{A}_2|B)=1-P(A_2|B)=1-\frac{4}{11}=\frac{7}{11}.$$

例 6 同时掷两颗均匀的骰子.

(1) 若已知没有两个相同的点数,试求至少有一个 2 点的概率;

(2) 试求两颗骰子点数之和为 5 的结果出现在点数之和为 7 的结果之前的概率.

解 (1) 设 $A=\{$掷两颗均匀的骰子,没有两个相同的点数$\}$,$B=\{$掷两颗均匀的骰子,至少有一个 2 点$\}$,则要求的概率为 $P(B|A)$.

设想两颗骰子是可以区别为第一颗和第二颗的,那么其基本事件就可表示为两个数字的可重复排列,故样本空间的基本事件数为 $6^2=36$.

为求 $P(B|A)$,我们通过求其对立事件的概率 $P(\overline{B}|A)$ 来求,比直接求要简便. 因为

$$P(A)=\frac{A_6^2}{6^2}=\frac{6\times 5}{36}=\frac{30}{36}, \quad P(A\overline{B})=\frac{A_5^2}{6^2}=\frac{20}{36},$$

所以

$$P(B|A)=1-P(\overline{B}|A)=1-\frac{P(A\overline{B})}{P(A)}=1-\frac{20}{30}=\frac{1}{3}.$$

(2) 因每次试验与第一次试验的情况没有差别,不失一般性,设 $D_1=\{$第一次试验两颗骰子点数之和为 5$\}$,$D_2=\{$第一次试验两颗骰子点数之和为 7$\}$,$D_3=\{$第一次试验两颗骰子点数之和不是 5 也不是 7$\}$,$E=\{$两颗骰子点数之和为 5 的结果出现在点数之和为 7 的结果之前$\}$. 则由全概率公式,有

$$P(E)=P(D_1)P(E|D_1)+P(D_2)P(E|D_2)+P(D_3)P(E|D_3).$$

又

$$P(D_1)=\frac{4}{36}, P(E|D_1)=1, P(D_2)=\frac{6}{36}, P(E|D_2)=0, P(D_3)=\frac{26}{36}, P(E|D_3)=P(E),$$

于是

$$P(E)=\frac{1}{9}+P(E)\times\frac{13}{18},$$

即

$$P(E)=\frac{2}{5}.$$

例 7 某零件可用两种工艺加工,第一种工艺有三道工序,各道工序出现废品的概率分别为 0.1,0.2,0.3;第二种工艺有两道工序,各道工序出现废品的概率都是 0.3. 设在由第一、第二种工艺加工的合格品中得到优等品的概率分别是 0.9 和 0.8,试比较用哪种工艺加工零件得到优等品的概率较大些.

分析 本题应注意优等品是在合格品中选出的,而每种工艺的各道工序应看作是独立的.

解 设 $A=\{$得到优等品$\}$,$B_i=\{$由第 i 种工艺加工得到合格品$\}$ $(i=1,2)$,则由于各道工序应看作是独立的,所以

$$P(B_1)=0.9\times 0.8\times 0.7=0.504, \quad P(B_2)=0.7\times 0.7=0.49.$$

又

$$P(A|B_1)=0.9, P(A|B_2)=0.8,$$

于是所求概率分别为

$$P(AB_1)=P(B_1)P(A|B_1)=0.504\times 0.9=0.454,$$
$$P(AB_2)=P(B_2)P(A|B_2)=0.49\times 0.8=0.392,$$

因 $P(AB_1)>P(AB_2)$,故知用第一种工艺加工零件得到优等品的概率较大些.

综 合 题

1. 将 3 个球随机地放入 4 个杯子中,求杯子中球的最大个数分别为 1,2,3 的概率.

2. 已知在 10 只晶体管中有 2 只次品,在其中取两次,每次任取 1 只,作不放回抽样.求下列事件的概率：
   (1) 2 只都是正品；　　　　(2) 2 只都是次品；
   (3) 1 只是正品,1 只是次品；(4) 第二次取出的是次品.

3. 向区域 $\{(x,y) | 0 < y < \sqrt{2ax - x^2}\}$($a$ 为正常数)内掷一点,若点落在半圆内任何区域的概率与区域的面积成正比,求原点和该点的连线与 x 轴的夹角小于 $\dfrac{\pi}{4}$ 的概率.

4. 某射手射击一发子弹命中 10 环的概率为 0.7,命中 9 环的概率为 0.3,求该射手射击三发子弹而得到不小于 29 环成绩的概率.

参考答案

基础题

1. (1) $A\bar{B}\bar{C}$. (2) $AB\bar{C}$. (3) ABC. (4) $A\cup B\cup C$. (5) $\overline{AB}\cup \overline{BC}\cup \overline{AC}$. (6) $\overline{ABC}$. (7) $\bar{A}\cup \bar{B}\cup \bar{C}$. (8) $AB\cup AC\cup BC$.   2. (1) $\Omega=\left\{\dfrac{i}{n}\,\Big|\,i=0,1,\cdots,100n\right\}$. (2) $\Omega=\{3,4,\cdots,18\}$. (3) $\Omega=\{10,11,\cdots\}$. (4) $\Omega=\{(x,y)\,|\,x^2+y^2<1\}$.   3. (1) 成立. (2) 不成立. (3) 不成立. (4) 成立. (5) 成立. (6) 成立.   理由略.

4. $\dfrac{99}{392}$.   5. (1) 0.6. (2) 0.2. (3) 0.4. (4) 0.55.   6. (1) $\dfrac{C_{500}^{90}C_{1200}^{110}}{C_{1700}^{200}}$. (2) $1-\dfrac{C_{500}^{1}C_{1200}^{199}+C_{1200}^{200}}{C_{1700}^{200}}$.   7. $\dfrac{252}{2431}$.

8. (1) 当 $A\cup B=B$ 时,此时 $P(AB)=P(A)+P(B)-P(A\cup B)=0.6+0.7-0.7=0.6$,为最大值. (2) 当 $A\cup B=\Omega$ 时,$P(AB)=P(A)+P(B)-P(A\cup B)=0.6+0.7-1=0.3$,为最小值.   9. (1) $\dfrac{5}{8}$. (2) $\dfrac{3}{8}$.

10. $\dfrac{1}{6}, \dfrac{1}{3}$.   11. $\dfrac{3}{8}$.   12. (1) 0.52. (2) $\dfrac{12}{13}$.   13. (1) 0.973. (2) 0.665.   14. (1) $\dfrac{3}{10}$. (2) $\dfrac{3}{5}$.

15. (1) $\dfrac{2}{5}$. (2) 0.4856.   16. (1) 0.504. (2) 0.496.   17. 0.458.   18. 0.2684.

提高题

1. (1) $\dfrac{1}{12}$. (2) $\dfrac{1}{20}$.   2. 0.879.   3. 0.25.   4. 0.089.   5. (1) $(0.94)^n$. (2) $C_n^2(0.94)^{n-2}(0.06)^2$.

(3) $1-(0.94)^n-C_n^1(0.06)(0.94)^{n-1}$.   6. $\dfrac{2\alpha p_1}{(3\alpha-1)p_1+1-\alpha}$.

综合题

1. $P(A_1)=\dfrac{A_4^3}{4^3}=\dfrac{6}{16}$, $P(A_2)=\dfrac{C_3^2C_4^1C_3^1}{4^3}=\dfrac{9}{16}$, $P(A_3)=\dfrac{4}{4^3}=\dfrac{1}{16}$.   2. (1) $\dfrac{28}{45}$. (2) $\dfrac{1}{45}$. (3) $\dfrac{16}{45}$. (4) $\dfrac{9}{45}$.

3. $\dfrac{1}{2}+\dfrac{1}{\pi}$.   4. 0.784.

第 2 章 随机变量及其分布

基 础 题

1. 下列表格函数能否作为某离散型随机变量的分布律？为什么？

(1)

X	-1	0	1
p_i	$-\dfrac{1}{6}$	$\dfrac{1}{2}$	$\dfrac{2}{3}$

(2)

X	-1	0	1
p_i	$\dfrac{1}{6}$	$\dfrac{1}{3}$	$\dfrac{1}{2}$

(3)

X	1	2	$\cdots$	n	$\cdots$
p_i	$\dfrac{1}{3}$	$\dfrac{1}{3}\times\left(\dfrac{2}{3}\right)$	$\cdots$	$\dfrac{1}{3}\times\left(\dfrac{2}{3}\right)^{n-1}$	$\cdots$

2. 设随机变量 X 服从参数 $\lambda=1$ 的泊松分布，记随机变量 $Y=\begin{cases}0, & X\leqslant 1,\\ 1, & X>1,\end{cases}$ 试求随机变量 Y 的分布律.

3. 一个口袋中有7个红球、3个白球,从中任取5个,每个球被取到的概率相同,设 X 表示取到的白球个数,求 X 的分布律.

4. 一个筐中有7个篮球,编号分别为1,2,3,4,5,6,7. 现从该筐中同时取出3个球,用 X 表示所取球的最大号码,求 X 的分布律.

5. 求下列分布律中的常数 k:

(1) $X: P\{X=m\} = \dfrac{k}{m-4}, m=1,2,3$;

(2) $X: P\{X=m\} = k\dfrac{\lambda^m}{m!}, m=0,1,2,3,\cdots$.

6. 将一颗骰子抛掷两次,以 X_1 表示两次所得点数之和,以 X_2 表示两次所得点数中较小的点数,试分别求 X_1, X_2 的分布律.

7. 一篮球运动员的投篮命中率为 45%,以 X 表示他首次投中时累计已投篮的次数,写出 X 的分布律,并计算 X 取偶数的概率.

8. 有甲、乙两种味道和颜色都极为相似的名酒各 4 杯,如果从中挑 4 杯,能将甲种酒全部挑出来,算是试验成功一次.
   (1) 某人随机地去挑,问他试验成功一次的概率是多少?
   (2) 某人声称他通过品尝能区分两种酒,他连续试验 10 次,成功 3 次.试推断他是猜对的,还是他确有区分的能力.(设各次试验是相互独立的)

9. 设连续型随机变量 X 的密度函数为 $f(x)=\begin{cases} a\cos x, & -\dfrac{\pi}{2} \leqslant x \leqslant \dfrac{\pi}{2}, \\ 0, & \text{其他}. \end{cases}$

求：(1) 常数 a；(2) X 的分布函数.

10. 设随机变量 X 的分布函数为 $F(x)=\begin{cases} 0, & x<1, \\ \ln x, & 1 \leqslant x < e, \\ 1, & x \geqslant e. \end{cases}$

求：(1) $P\{X<2\}, P\{0<X \leqslant 3\}, P\left\{2<X<\dfrac{5}{2}\right\}$；(2) 概率密度 $f(x)$.

11. 设连续型随机变量 X 的分布函数为 $F(x)=\begin{cases} A, & x<0, \\ Bx^2, & 0 \leqslant x < 1, \\ Cx-\dfrac{1}{2}x^2-1, & 1 \leqslant x < 2, \\ 1, & x \geqslant 2. \end{cases}$

求：(1) 常数 A, B, C；(2) X 的密度函数；(3) $P\left\{X>\dfrac{1}{2}\right\}$.

12. 设 X 在 $[1,6]$ 上服从均匀分布,试求方程 $t^2+Xt+1=0$ 有实根的概率.

13. 设每人通话时间(单位:min)服从参数 $\lambda=1$ 的指数分布. 现有 200 人打电话,求至少有 3 人通话时间超过 6 min 的概率.

14. 设随机变量 $X\sim N(3,4)$,试求:
(1) $P\{2<X\leqslant 5\}$; (2) $P\{-4<X\leqslant 10\}$;
(3) 确定 c,使得 $P\{X\geqslant c\}=P\{X<c\}$ 成立.

15. 已知中国男子身高 X(单位:cm)服从正态分布 $N(170,36)$,问公共汽车车门高度至少为多少时才能保证 99.87% 的人不碰头?

16. 已知电源电压在不超过 200 V、在 200 V 到 240 V 间以及超过 240 V 三种情况下,某电子元件损坏的概率分别为 0.1,0.001 和 0.2.设电源电压 $X \sim N(220,25^2)$,试求:
   (1) 该电子元件损坏的概率;
   (2) 该电子元件损坏时,电源电压在 200 V 到 240 V 间的概率.

17. 一工厂生产的电子管的使用寿命 X(单位:h)服从参数 $\mu=160,\sigma$ 的正态分布,若要求 $P\{120<X\leqslant 200\}\geqslant 0.90$,问允许 σ 最大为多少?

18. 设 X 的分布律如下：

X	-2	-1	0	1	2
p_i	$\dfrac{1}{5}$	$\dfrac{1}{6}$	$\dfrac{1}{5}$	$\dfrac{1}{15}$	$\dfrac{11}{30}$

试求 $Y=3X+2$ 及 $Z=X^2$ 的分布律.

19. 设随机变量 X 服从 $(0,1)$ 上的均匀分布，求：
(1) $Y=e^X$ 的概率密度； (2) $Z=-2\ln X$ 的概率密度.

提 高 题

1. 甲、乙两位选手轮流射击同一目标,直到目标被击中为止.甲每次射击的命中率为 0.6,乙每次射击的命中率为 0.7,各人各次射击击中与否互不影响,甲先射第一枪,求:

(1) 二人射击总次数 X 的分布律;

(2) 甲射击次数 Y 的分布律;

(3) 乙射击次数 Z 的分布律.

2. 从南郊某地乘车前往北区火车站有两条路线可走,第一条路线穿过市区,路程较短,但交通拥挤,所需时间(单位:min)服从正态分布 $N(50,100)$;第二条路线沿环城公路走,路程较长,但意外阻塞较少,所需时间服从正态分布 $N(60,16)$.

(1) 假如有 70 min 可用,问应走哪一条路线?

(2) 若只有 65 min 可用,又应走哪一条路线?

3. 设随机变量 X_1, X_2, X_3, X_4 独立同分布，且 $P\{X_1=0\}=0.6, P\{X_1=1\}=0.4$，求 $X=\begin{vmatrix} X_1 & X_2 \\ X_3 & X_4 \end{vmatrix}$ 的分布律.

4. 设顾客在某银行的窗口等待的时间 X（单位：min）服从指数分布，其概率密度为
$$f_X(x)=\begin{cases} \dfrac{1}{5}e^{-\frac{x}{5}}, & x>0, \\ 0, & 其他. \end{cases}$$
某顾客在窗口等待服务，若超过 10 min，他就离开. 他一个月要到银行 5 次，以 Y 表示一个月内他未等到服务而离开窗口的次数，写出 Y 的分布律，并求 $P\{Y\geqslant 1\}$.

5. 由点 $(0,a)$ 任意作一直线与 y 轴相交成角 θ,即 θ 是服从 $\left(-\dfrac{\pi}{2},\dfrac{\pi}{2}\right)$ 上均匀分布的随机变量,求此直线与 x 轴交点的横坐标的密度函数.

6. 设随机变量 X 服从正态分布 $N(0,1)$,求:
(1) $Y=2X^2+1$ 的概率密度;(2) $Z=|X|$ 的概率密度.

7. 设随机变量 X 服从参数为 2 的指数分布,证明:$Y=1-e^{-2X}$ 在区间 $[0,1]$ 上服从均匀分布.

重点与难点分析

一、重点解析

1. 求离散型随机变量的分布律.

(1) 求离散型随机变量分布律的基本步骤:

① 根据相应问题,列出随机变量 X 的所有可能取值;

② 按照所给条件,确定所构成的对应事件的概率;

③ 检验是否满足性质 $\sum_{k=1}^{\infty} P\{X=x_k\} = 1$.

(2) 求分布律主要应注意的问题:

① 所给问题是否是常见分布的相应问题;

② 所给问题是否是常见分布的复合问题;

③ 是否需要利用公式 $P\{X=x_{k_0}\} = 1 - \sum_{k \neq k_0} P\{X=x_k\}$ 间接求其中一个(较难求得的)事件的概率.

2. 求随机变量的分布函数.

(1) 已知分布律,求分布函数.

一般根据定义 $F(x) = P\{X \leqslant x\}(x \in \mathbf{R})$ 直接累加写出.

(2) 已知密度函数,求分布函数.

通常按照公式 $F(x) = \int_{-\infty}^{x} f(t)\mathrm{d}t$ 计算.

(3) 根据定义求分布函数.

(4) 求证一函数为分布函数.

证明一函数为某随机变量的分布函数,需证明该函数满足分布函数的三个性质,即有界性、单调不减性和右连续性.

这类问题往往需要结合所给条件,根据分布函数的定义推导得到.

3. 关于概率的计算问题.

已知分布函数或概率密度函数求相关概率,一般直接按相关公式计算,尤其是已知分布函数时,不必通过求得密度函数去计算.求解含参数的概率问题时,若已知随机变量的分布律、密度函数或分布函数中含有待定常数,则应先利用其概率分布的性质确定有关参数,再用相应计算方法求概率.如果是参数未定的常用概率分布,往往应先根据题中所给的条件确定其参数,再求相应概率.

若已知随机变量及其所服从的分布,求相应问题的概率,应注意问题的转化,以保持变量与其对应的概率一致,尤其是要设法确定有关变量的具体取值范围,以便由此构成事件,再求其相应概率.

4. 一维随机变量函数的分布.

二、综合例题

例 1 假设运载火箭在飞行中进入仪器舱的宇宙粒子数服从参数为 λ 的泊松分布,而进入仪器舱的粒子到达仪器的要害部位的概率为 p,试求到达要害部位的粒子数 Y 的概率分布.

解 设 X 是进入仪器舱的宇宙粒子数,由条件知 X 服从参数为 λ 的泊松分布,其中到达要害部位的粒子数 Y 关于 $\{X=n\}$ 的条件概率分布是参数为 (n,p) 的二项分布:
$$P\{Y=k \mid X=n\}=C_n^k p^k q^{n-k}(k=0,1,2,\cdots,n),$$
其中 $q=1-p$. 由全概率公式可知,对于 $k=0,1,2,\cdots$,有
$$\begin{aligned} P\{Y=k\} &= \sum_{n=k}^{\infty} P\{Y=k \mid X=n\} P\{X=n\} \\ &= \sum_{n=k}^{\infty} C_n^k p^k q^{n-k} \frac{\lambda^n}{n!} e^{-\lambda} = \frac{(\lambda p)^k}{k!} e^{-\lambda} \sum_{n=k}^{\infty} \frac{(\lambda q)^{n-k}}{(n-k)!} \\ &= \frac{(\lambda p)^k}{k!} e^{-\lambda} \sum_{m=0}^{\infty} \frac{(\lambda q)^m}{m!} = \frac{(\lambda p)^k}{k!} e^{-\lambda p}, \end{aligned}$$
因此,Y 服从参数为 λp 的泊松分布.

例 2 设随机变量 X 的密度函数 $f(x)=\dfrac{e^{-|x|}}{2}$,求分布函数 $F(x)$.

解 利用公式 $F(x)=\displaystyle\int_{-\infty}^{x} f(t)dt$.

当 $x<0$ 时,$F(x)=\dfrac{1}{2}\displaystyle\int_{-\infty}^{x} e^t dt = \dfrac{1}{2}e^x$;

当 $x \geqslant 0$ 时,$F(x)=\dfrac{1}{2}\left(\displaystyle\int_{-\infty}^{0} e^t dt + \int_{0}^{x} e^{-t} dt\right) = 1 - \dfrac{1}{2}e^{-x}$.

故 X 的分布函数为
$$F(x) = \begin{cases} \dfrac{1}{2}e^x, & x<0, \\ 1-\dfrac{1}{2}e^{-x}, & x \geqslant 0. \end{cases}$$

例 3 在半径为 R、球心为 O 的球内任取一点 P,求 $X=\overline{OP}$ 的分布函数.

解 当 $0 \leqslant x \leqslant R$ 时,设 $\overline{OP}=x$,则点 P 落到以 O 为球心、x 为半径的球面上时,它到 O 点的距离均为 x,从而
$$P\{X \leqslant x\} = \frac{\text{球 } OP \text{ 的体积}}{\text{球 } OR \text{ 的体积}} = \frac{\dfrac{4\pi x^3}{3}}{\dfrac{4\pi R^3}{3}} = \left(\frac{x}{R}\right)^3.$$

因此,X 的分布函数为
$$F(x) = \begin{cases} 0, & x<0, \\ \left(\dfrac{x}{R}\right)^3, & 0 \leqslant x < R, \\ 1, & x \geqslant R. \end{cases}$$

例 4 设 $F_1(x)$ 与 $F_2(x)$ 都是分布函数,又 $a>0, b>0$ 是两个常数,且 $a+b=1$. 证明:$F(x)=aF_1(x)+bF_2(x)$ 也是一个分布函数.

证 因 $F_1(x)$ 与 $F_2(x)$ 都是分布函数,故当 $x_1<x_2$ 时,$F_1(x_1) \leqslant F_1(x_2)$,$F_2(x_1) \leqslant$

$F_2(x_2)$,于是 $F(x_1)=aF_1(x_1)+bF_2(x_1)\leqslant aF_1(x_2)+bF_2(x_2)=F(x_2)$.

又因
$$\lim_{x\to-\infty}F(x)=\lim_{x\to-\infty}[aF_1(x)+bF_2(x)]=0,$$
$$\lim_{x\to+\infty}F(x)=\lim_{x\to+\infty}[aF_1(x)+bF_2(x)]=a+b=1,$$
$$F(x+0)=aF_1(x+0)+bF_2(x+0)=aF_1(x)+bF_2(x)=F(x),$$

故 $F(x)$ 也是分布函数.

例5 设 $P\{X=k\}=C_2^k p^k(1-p)^{2-k}(k=0,1,2)$,$P\{Y=l\}=C_4^l p^l(1-p)^{4-l}(l=0,1,2,3,4)$ 分别为随机变量 X 与 Y 的分布律. 如果已知 $P\{X\geqslant 1\}=\dfrac{5}{9}$,求 $P\{Y\geqslant 1\}$.

解 由于 $P\{X\geqslant 1\}=\dfrac{5}{9}$,$P\{X<1\}=\dfrac{4}{9}$,而 $P\{X<1\}=P\{X=0\}=C_2^0 p^0(1-p)^2=(1-p)^2$,因此 $(1-p)^2=\dfrac{4}{9}$,即 $p=\dfrac{1}{3}$,于是

$$P\{Y\geqslant 1\}=1-P\{Y<1\}=1-P\{Y=0\}=1-C_4^0\left(\dfrac{1}{3}\right)^0\left(1-\dfrac{1}{3}\right)^4=\dfrac{65}{81}.$$

例6 设 X 是连续型随机变量,其密度函数为
$$f(x)=\begin{cases}c(4x-2x^2),&0<x<2,\\0,&\text{其他}.\end{cases}$$

试求:(1) 常数 c 的值; (2) $P\{X>1\}$.

解 (1) 由 $1=\displaystyle\int_{-\infty}^{+\infty}f(x)dx=\int_0^2 c(4x-2x^2)dx=\dfrac{8}{3}c$,得 $c=\dfrac{3}{8}$.

(2) $P\{X>1\}=\displaystyle\int_1^{+\infty}f(x)dx=\int_1^2\dfrac{3}{8}(4x-2x^2)dx=\dfrac{1}{2}$.

例7 设随机变量 X 的分布律 $P\{X=k\}=\dfrac{1}{2^k}(k=1,2,\cdots)$,试求 $Y=\sin\dfrac{\pi X}{2}$ 的分布律.

解 因为
$$\sin\dfrac{n\pi}{2}=\begin{cases}-1,&n=4k-1,\\0,&n=2k,\\1,&n=4k-3\end{cases}(k=1,2,\cdots),$$

所以,随机变量 $Y=\sin\dfrac{\pi X}{2}$ 的可能取值为 $-1,0,1$,并且

$$P\{Y=-1\}=\sum_{k=1}^{\infty}P\{X=4k-1\}=\sum_{k=1}^{\infty}\dfrac{1}{2^{4k-1}}=\dfrac{1}{8}\times\dfrac{1}{1-\dfrac{1}{16}}=\dfrac{2}{15},$$

$$P\{Y=0\}=\sum_{k=1}^{\infty}P\{X=2k\}=\sum_{k=1}^{\infty}\dfrac{1}{2^{2k}}=\dfrac{1}{4}\times\dfrac{1}{1-\dfrac{1}{4}}=\dfrac{1}{3},$$

$$P\{Y=1\}=\sum_{k=1}^{\infty}P\{X=4k-3\}=\sum_{k=1}^{\infty}\dfrac{1}{2^{4k-3}}=\dfrac{1}{2}\times\dfrac{1}{1-\dfrac{1}{16}}=\dfrac{8}{15}.$$

即随机变量 Y 的分布律为

Y	-1	0	1
p	$\dfrac{2}{15}$	$\dfrac{1}{3}$	$\dfrac{8}{15}$

例 8 设随机变量 X 的概率密度为
$$f_X(x)=\begin{cases}1+x, & -1\leqslant x<0,\\ 1-x, & 0\leqslant x\leqslant 1,\\ 0, & \text{其他},\end{cases}$$
求随机变量 $Y=X^2+1$ 的分布函数.

解 随机变量 $Y=X^2+1$ 的分布函数为
$$F_Y(y)=P\{Y\leqslant y\}=P\{X^2+1\leqslant y\}\,(y\in\mathbf{R}).$$
当 $y<1$ 时，有 $F_Y(y)=0$.

当 $y\geqslant 1$ 时，有 $F_Y(y)=P\{X^2+1\leqslant y\}=P\{-\sqrt{y-1}\leqslant X\leqslant\sqrt{y-1}\}$.

若 $1\leqslant y\leqslant 2$，则 $0\leqslant\sqrt{y-1}\leqslant 1$，故有
$$F_Y(y)=P\{-\sqrt{y-1}\leqslant X\leqslant\sqrt{y-1}\}=\int_{-\sqrt{y-1}}^{\sqrt{y-1}}f_X(x)\mathrm{d}x$$
$$=\int_{-\sqrt{y-1}}^{0}(1+x)\mathrm{d}x+\int_{0}^{\sqrt{y-1}}(1-x)\mathrm{d}x=2\sqrt{y-1}-y+1;$$

若 $y>2$，则 $\sqrt{y-1}>1$，故有
$$F_Y(y)=\int_{-\sqrt{y-1}}^{\sqrt{y-1}}f_X(x)\mathrm{d}x=\int_{-1}^{0}(1+x)\mathrm{d}x+\int_{0}^{1}(1-x)\mathrm{d}x=1.$$

综上所述，随机变量 $Y=X^2+1$ 的分布函数为
$$F_Y(y)=\begin{cases}0, & y<1,\\ 2\sqrt{y-1}-y+1, & 1\leqslant y<2,\\ 1, & y\geqslant 2.\end{cases}$$

综合题

1. 设随机变量 X 的密度函数为 $\varphi(x)$，且 $\varphi(-x)=\varphi(x)$，$F(x)$ 为 X 的分布函数，则对任意实数 a，有 （　　）

   A. $F(-a)=1-\int_0^a \varphi(x)\mathrm{d}x$　　　　B. $F(-a)=\dfrac{1}{2}-\int_0^a \varphi(x)\mathrm{d}x$

   C. $F(-a)=F(a)$　　　　D. $F(-a)=2F(a)-1$

2. 设 $F_1(x)$ 与 $F_2(x)$ 分别为随机变量 X_1 和 X_2 的分布函数，为使 $F(x)=aF_1(x)-bF_2(x)$ 是某一随机变量的分布函数，在下列给定的各组数值中应取 （　　）

   A. $a=\dfrac{3}{5}, b=-\dfrac{2}{5}$　　　　B. $a=\dfrac{2}{3}, b=\dfrac{2}{3}$

   C. $a=-\dfrac{1}{2}, b=\dfrac{3}{2}$　　　　D. $a=\dfrac{1}{2}, b=-\dfrac{3}{2}$

3. 设随机变量 X 服从正态分布 $N(0,1)$，对给定的 $\alpha\in(0,1)$，数 u_α 满足 $P\{X>u_\alpha\}=\alpha$。若 $P\{|X|>x\}=\alpha$，则 x 等于 （　　）

   A. $u_{\frac{\alpha}{2}}$　　B. $u_{1-\frac{\alpha}{2}}$　　C. $u_{\frac{1-\alpha}{2}}$　　D. $u_{1-\alpha}$

4. 设随机变量 X 的概率密度为

$$f(x)=\begin{cases}\dfrac{1}{3}, & x\in[0,1],\\ \dfrac{2}{9}, & x\in[3,6],\\ 0, & \text{其他},\end{cases}$$

若 k 使得 $P\{X\geqslant k\}=\dfrac{2}{3}$，则 k 的取值范围是_____。

5. 设随机变量 X 服从参数为 1 的泊松分布，则 $P\{X=E(X^2)\}=$ _____。

6. 已知离散型随机变量 X 的分布律为

X	-1	0	1
p	$\dfrac{1}{4}$	a	b

分布函数为

$$F(x)=\begin{cases}c, & -\infty<x<-1,\\ d, & -1\leqslant x<0,\\ \dfrac{3}{4}, & 0\leqslant x<1,\\ e, & 1\leqslant x<+\infty.\end{cases}$$

试求 a,b,c,d,e。

7. 已知 X 在 $(1,6)$ 上服从均匀分布,求矩阵 $A=\begin{bmatrix} 2 & 0 & 0 \\ 0 & -X & 1 \\ 0 & -1 & 0 \end{bmatrix}$ 的特征值全为实数的概率.

8. 某商场各柜台受到消费者投诉的事件数有 $0,1,2$ 三种情况,其概率分别为 $0.6,0.3,0.1$. 有关部门每月对该商场抽查两个柜台,规定如果两个柜台受到投诉总数超过一件,则对该商场给予通报批评;若一年中有两个月以上受到通报批评,则给予该商场门前挂黄牌一年的处分. 计算该商场被挂黄牌的概率.

参考答案

基础题

1. (1) 不能. (2) 能. (3) 能. 理由略.   **2.**

Y	0	1
p_i	$2e^{-1}$	$1-2e^{-1}$

3.

X	0	1	2	3
p_i	$\dfrac{1}{12}$	$\dfrac{5}{12}$	$\dfrac{5}{12}$	$\dfrac{1}{12}$

4.

X	3	4	5	6	7
p_i	$\dfrac{1}{35}$	$\dfrac{3}{35}$	$\dfrac{6}{35}$	$\dfrac{10}{35}$	$\dfrac{15}{30}$

5. (1) $k=-\dfrac{6}{11}$. (2) $k=e^{-\lambda}$.

6. 两次所得点数之和 X_1 的分布律为

X_1	2	3	4	5	6	7	8	9	10	11	12
p_i	$\dfrac{1}{36}$	$\dfrac{2}{36}$	$\dfrac{3}{36}$	$\dfrac{4}{36}$	$\dfrac{5}{36}$	$\dfrac{6}{36}$	$\dfrac{5}{36}$	$\dfrac{4}{36}$	$\dfrac{3}{36}$	$\dfrac{2}{36}$	$\dfrac{1}{36}$

两次所得点数中较小的点数 X_2 的分布律为

X_2	1	2	3	4	5	6
p_i	$\dfrac{11}{36}$	$\dfrac{9}{36}$	$\dfrac{7}{36}$	$\dfrac{5}{36}$	$\dfrac{3}{36}$	$\dfrac{1}{36}$

7. $P\{X=k\}=(0.55)^{k-1}0.45, k=1,2,\cdots;P\{X\text{ 取偶数}\}=\sum\limits_{k=1}^{\infty}(0.55)^{2k-1}0.45=\dfrac{11}{31}$.

8. (1) $\dfrac{1}{70}$. (2) 0.0000316,即试验10次,成功3次的概率极小,即成功的可能性小,所以说他猜对的可能性小,但他成功了,因此应该说他确实具有区分的能力.

9. (1) $a=\dfrac{1}{2}$. (2) $F(x)=\begin{cases}0, & x\leqslant-\dfrac{\pi}{2}, \\ \dfrac{\sin x+1}{2}, & -\dfrac{\pi}{2}<x\leqslant\dfrac{\pi}{2}, \\ 1, & x>\dfrac{\pi}{2}.\end{cases}$

10. (1) $\ln2; 1; \ln\dfrac{5}{4}$. (2) $f(x)=\begin{cases}\dfrac{1}{x}, & 1\leqslant x<e, \\ 0, & \text{其他}.\end{cases}$

11. (1) 由 $F(-\infty)=0, \lim\limits_{x\to1+0}F(x)=F(1), \lim\limits_{x\to2+0}F(x)=F(2)$,得 $A=0, B=\dfrac{1}{2}, C=2$.

31

(2) $f(x)=\begin{cases} x, & 0\leqslant x<1, \\ 2-x, & 1\leqslant x<2, \\ 0, & 其他, \end{cases}$ (3) $\dfrac{7}{8}$.

12. 0.8. **13.** 0.014. **14.** (1) 0.5328. (2) 0.9996. (3) $c=3$. **15.** 188 cm. **16.** (1) 0.0642. (2) 0.009. **17.** σ 最大为 24.24.

18. $Y=3X+2$ 的分布律为

Y	-4	-1	2	5	8
p_i	$\dfrac{1}{5}$	$\dfrac{1}{6}$	$\dfrac{1}{5}$	$\dfrac{1}{15}$	$\dfrac{11}{30}$

$Z=X^2$ 的分布律为

Z	0	1	4
p_i	$\dfrac{1}{5}$	$\dfrac{7}{30}$	$\dfrac{17}{30}$

19. (1) $f_Y(y)=\begin{cases} \dfrac{1}{y}, & 1<y<e, \\ 0, & 其他. \end{cases}$ (2) $f_Z(z)=\begin{cases} \dfrac{1}{2}e^{-\frac{z}{2}}, & z>0, \\ 0, & 其他. \end{cases}$

提高题

1. (1) X 可能取的值为 $1,2,\cdots$, $P\{X=2n\}=0.4^n\times 0.3^{n-1}\times 0.7, n=1,2,\cdots$; $P\{X=2n+1\}=0.4^n\times 0.3^n\times 0.6, n=0,1,2,\cdots$.

(2) Y 可能取的值为 $1,2,\cdots$, $P\{Y=n\}=0.4^{n-1}\times 0.3^{n-1}\times 0.6+0.4^n\times 0.3^{n-1}\times 0.7, n=1,2,\cdots$.

(3) Z 可能取的值为 $0,1,\cdots$, $P\{Z=0\}=0.6$; $P\{Z=n\}=0.4^n\times 0.3^n\times 0.6+0.4^n\times 0.3^{n-1}\times 0.7, n=1,2,\cdots$.

2. (1) 应走第二条路线. (2) 应走第一条路线.

3.

X	-1	0	1
p_i	0.1344	0.7312	0.1344

4. Y 的分布律为 $P\{Y=k\}=C_5^k(e^{-2})^k(1-e^{-2})^{5-k}, k=0,1,0,3,4,5$; $P\{Y\geqslant 1\}=1-P\{Y=0\}=1-(1-e^{-2})^5\approx 0.5167$.

5. 过点 $(0,a)$ 与 y 轴相交成角 θ 的直线方程为 $y=\cot\theta\cdot x+a$, 此直线与 x 轴交点的横坐标 $x=-a\cdot\tan\theta$, 则 $\theta=\arctan\left(-\dfrac{x}{a}\right)$. 因 θ 的概率密度为 $\varphi(\theta)=\begin{cases} \dfrac{1}{\pi}, & -\dfrac{\pi}{2}\leqslant\theta<\dfrac{\pi}{2}, \\ 0, & 其他. \end{cases}$ 所以横坐标 x 的概率密度为

$$f_x(x)=\dfrac{1}{\pi}\cdot\dfrac{1}{1+\left(\dfrac{x}{a}\right)^2}\cdot\left|\dfrac{1}{a}\right|=\dfrac{|a|}{\pi(a^2+x^2)}, x\in\mathbf{R}.$$

6. (1) $f_Y(y)=\begin{cases} \dfrac{e^{-\frac{(y-1)}{4}}}{2\sqrt{\pi(y-1)}}, & y>1, \\ 0, & y\leqslant 1. \end{cases}$ (2) $f_Z(z)=\begin{cases} \sqrt{\dfrac{2}{\pi}}e^{-\frac{z^2}{2}}, & z>0, \\ 0, & 其他. \end{cases}$

7. Y 的分布函数为 $F_Y(y)=\begin{cases} 0, & y\leqslant 0, \\ y, & 0<y<1, \\ 1, & y\geqslant 1, \end{cases}$ 服从均匀分布.

综合题

1. B **2.** A **3.** A **4.** $[1,3]$ **5.** $\dfrac{1}{2}e^{-1}$ **6.** $a=\dfrac{1}{2}, b=\dfrac{1}{4}, c=0, d=\dfrac{1}{4}, e=1$. **7.** $\dfrac{4}{5}$. **8.** 0.696.

第 3 章 多维随机变量及其分布

基 础 题

1. 一口袋中装有四个球,它们依次标有数字 $1,2,2,3$,从袋中先后任取两个球,不放回袋中,设每次取球时,袋中各个球被取到的可能性相同. 以 X,Y 分别记第一次、第二次取得的球上标有的数字,求 (X,Y) 的联合分布律.

2. 设二维随机变量 (X,Y) 的联合分布函数为
$$F(x,y)=A\left(B+\arctan\frac{x}{3}\right)\left(C+\arctan\frac{y}{4}\right).$$
求:(1) 系数 A,B,C; (2) (X,Y) 的联合概率密度 $f(x,y)$.

3. 设二维随机变量 (X,Y) 的联合分布函数为
$$F(x,y)=\begin{cases}1-3^{-x}-3^{-y}+3^{-x-y}, & x>0,y>0,\\ 0, & \text{其他}.\end{cases}$$
试求:(1) 联合概率密度 $f(x,y)$; (2) $P\{0<X\leqslant 1,0<Y\leqslant 1\}$.

4. 设随机变量 (X,Y) 的联合概率密度为
$$f(x,y)=\begin{cases} k\mathrm{e}^{-3x-4y}, & x>0, y>0, \\ 0, & 其他. \end{cases}$$
(1) 确定常数 k； (2) 求 $P\{0<X<1, 0<Y<2\}$； (3) 求 (X,Y) 的分布函数.

5. 设随机变量 (X,Y) 的联合概率密度为
$$f(x,y)=\begin{cases} x^2+\dfrac{xy}{3}, & 0\leqslant x\leqslant 1, 0\leqslant y\leqslant 2, \\ 0, & 其他. \end{cases}$$
试求 $P\{X+Y\leqslant 1\}$.

6. 已知在有一级品 2 件、二级品 5 件、次品 1 件的口袋中任取 3 件，用 X 表示所含的一级品件数，Y 表示所含的二级品件数. 试求：
(1) (X,Y) 的联合分布律； (2) 关于 X 和关于 Y 的边缘分布律；
(3) $P\{X<1.5, Y<2.5\}, P\{X\leqslant 2\}, P\{Y<0\}$.

7. 设二维随机变量(X,Y)的概率密度为
$$f(x,y)=\begin{cases} Cx^2y, & x^2 \leqslant y \leqslant 1, \\ 0, & \text{其他}. \end{cases}$$

(1) 试确定常数C；(2) 求边缘概率密度.

8. 雷达的圆形屏幕半径为R，设目标出现点(X,Y)在屏幕上服从均匀分布，其联合概率密度为
$$f(x,y)=\begin{cases} \dfrac{1}{\pi R^2}, & x^2+y^2 \leqslant R^2, \\ 0, & \text{其他}. \end{cases}$$

试求(X,Y)的条件分布密度，并判断X与Y的独立性.

9. 已知二维随机变量(X,Y)的联合概率分布为

X \ Y	1	2	3
1	$\dfrac{1}{6}$	$\dfrac{1}{9}$	$\dfrac{1}{18}$
2	$\dfrac{1}{3}$	a	b

问：(1) a,b的关系如何？(2) a,b为何值时，X,Y相互独立？

10. 已知相互独立的随机变量 X,Y 的分布律分别为

X	0	1
p	0.7	0.3

Y	0	1	2	3
p	0.4	0.2	0.1	0.3

试求:(1) (X,Y) 的联合分布律;(2) $Z=X+Y$ 的分布律.

11. 已知 (X,Y) 的联合概率密度为
$$f(x,y)=\frac{1}{2\pi \cdot 5^2}e^{-\frac{1}{2}(\frac{x^2}{5^2}+\frac{y^2}{5^2})} \quad (-\infty<x,y<+\infty).$$
问 X 与 Y 是否独立?

12. 设 X 和 Y 是两个独立的随机变量,X 在 $[0,1]$ 上服从均匀分布,Y 的概率密度为
$$f_Y(y)=\begin{cases}\frac{1}{2}e^{-\frac{y}{2}} & y>0,\\ 0, & y\leqslant 0.\end{cases}$$

(1) 求 X 和 Y 的联合概率密度;
(2) 设含有 t 的二次方程为 $t^2+2Xt+Y=0$,试求 t 有实根的概率.

13. (1) 已知二维随机变量 (X,Y) 的联合概率密度为
$$f(x,y)=\begin{cases}4xy, & 0\leqslant x\leqslant 1, 0\leqslant y\leqslant 1,\\ 0, & 其他,\end{cases}$$
试问 X,Y 是否相互独立?

(2) 已知二维随机变量 (X,Y) 的联合概率密度为
$$f(x,y)=\begin{cases}8xy, & 0\leqslant x\leqslant y, 0\leqslant y\leqslant 1,\\ 0, & 其他,\end{cases}$$
试问 X,Y 是否相互独立?

14. 设 X 与 Y 是两个相互独立的随机变量,其概率密度分别为
$$f_X(x)=\begin{cases}1, & 0\leqslant x\leqslant 1,\\ 0, & 其他;\end{cases} \qquad f_Y(y)=\begin{cases}e^{-y}, & y>0,\\ 0, & y\leqslant 0.\end{cases}$$
试求 $Z=X+Y$ 的概率密度.

15. 某种商品一周的需求量是一个随机变量,其概率密度为 $f(t)=\begin{cases} te^{-t}, & t>0, \\ 0, & t\leq 0. \end{cases}$ 设各周的需求量是相互独立的,试求:

(1) 两周需求量的概率密度; (2) 三周需求量的概率密度.

16. 对某种电子装置的输出测量了 5 次,得到的观察值分别为 X_1, X_2, X_3, X_4, X_5. 设它们是相互独立的随机变量且都服从参数 $\sigma=2$ 的瑞利(Rayleigh)分布,即概率密度为

$$f(x)=\begin{cases} \dfrac{x}{\sigma^2}e^{-\frac{x^2}{2\sigma^2}}, & x\geq 0, \\ 0, & x<0 \end{cases} \quad (\sigma>0).$$

求:(1) $Y_1=\max(X_1, X_2, X_3, X_4, X_5)$ 的分布函数;(2) $Y_2=\min(X_1, X_2, X_3, X_4, X_5)$ 的分布函数;(3) $P\{Y_1>4\}$.

17. 设某种型号的电子管的使用寿命(单位:h)近似地服从正态分布 $N(160, 20^2)$,随机地选取 4 只,求其中没有一只使用寿命小于 180 h 的概率.

提 高 题

1. 一枚硬币连掷三次,以 X 表示三次中出现正面的次数,以 Y 表示三次中出现正面次数与反面次数之差的绝对值,试写出 X 与 Y 的边缘分布律.

2. 设随机变量 (X,Y) 的联合概率密度为

$$f(x,y)=\begin{cases} \dfrac{\sin(x+y)}{2}, & 0<x\leqslant\dfrac{\pi}{2}, 0<y\leqslant\dfrac{\pi}{2}, \\ 0, & \text{其他}, \end{cases}$$

试求 (X,Y) 的分布函数.

3. 具有相同边缘分布密度的两个二维随机变量,是否一定有相同的联合分布密度?研究下面的例子:

设随机变量 (X_1,Y_1) 的概率密度为

$$f(x,y)=\begin{cases} x+y, & 0\leqslant x\leqslant 1, \\ 0, & \text{其他}, \end{cases}$$

而 (X_2,Y_2) 的概率密度为

$$g(x,y)=\begin{cases} \left(\dfrac{1}{2}+x\right)\left(\dfrac{1}{2}+y\right), & 0\leqslant x\leqslant 1, 0\leqslant y\leqslant 1, \\ 0, & \text{其他}. \end{cases}$$

分别求出它们的边缘分布密度,并加以比较.

4. 以 X 记某医院一天出生的婴儿的个数,Y 记其中男婴的个数,设 X 和 Y 的联合分布律为

$$P\{X=n,Y=m\}=\frac{\mathrm{e}^{-14}(7.14)^m(6.86)^{n-m}}{m!(n-m)!},m=0,1,2,\cdots,n;\ n=0,1,2,\cdots.$$

(1) 求条件分布律; (2) 写出当 $X=20$ 时,Y 的条件分布律.

5. 设二维随机变量 (X,Y) 的概率密度为

$$f(x,y)=\begin{cases}\dfrac{21}{4}x^2y, & x^2\leqslant y\leqslant 1,\\ 0, & \text{其他}.\end{cases}$$

(1) 求条件概率密度 $f_{X|Y}(x|y)$; (2) 写出当 $Y=\dfrac{1}{2}$ 时 X 的条件概率密度.

6. 设袋中有标记为 1~4 的四张卡片,从中不放回地抽取两张,X 表示首次抽到的卡片上的数字,Y 表示抽到的两张卡片上数字的差的绝对值. 求:

(1) 二维随机变量 (X,Y) 的概率分布;

(2) 边缘分布;

(3) 当 $X=4$ 时,Y 的条件概率分布.

7. 设 X,Y 是两个相互独立的随机变量,它们都服从正态分布 $N(0,\sigma^2)$. 求随机变量 $Z=\sqrt{X^2+Y^2}$ 的概率密度.

8. 假设随机变量 X_1,X_2,X_3,X_4 相互独立并且同分布,服从 $P\{X_i=0\}=0.6, P\{X_i=1\}=0.4, i=1,2,3,4$. 求:

(1) 行列式 $Z=\begin{vmatrix} X_1 & X_2 \\ X_3 & X_4 \end{vmatrix}$ 的概率分布;

(2) 线性方程组 $\begin{cases} X_1 y_1 + X_2 y_2 = 0, \\ X_3 y_1 + X_4 y_2 = 0 \end{cases}$ 只有零解的概率.

重点与难点分析

一、重点解析

1. 理解二维随机变量的联合分布函数、联合概率密度、联合分布律的概念和性质,并会计算有关事件的概率.

2. 掌握二维随机变量的边缘分布与联合分布的关系,并能通过联合分布求边缘分布及条件分布.

3. 重点把握常用的二维分布中二维均匀分布和二维正态分布以及它们的构成特征与应用.

4. 掌握随机变量独立性的概念及其充要条件,会应用随机变量的独立性求二维随机变量的概率分布函数.

5. 会求两个独立随机变量的函数的概率分布,重点掌握简单函数的概率分布,如 $X+Y$, $\max(X,Y)$ 及 $\min(X,Y)$ 等.

二、综合例题

例 1 设二维随机变量 (X,Y) 的联合概率密度函数为

$$f(x,y)=\begin{cases}cx^2y, & x^2\leqslant y\leqslant 1,\\ 0, & \text{其他},\end{cases}$$

试确定常数 c.

解 由 $\iint_D f(x,y)\mathrm{d}x\mathrm{d}y=1$,$D=\{(x,y)\mid x^2\leqslant y\leqslant 1\}$,有

$$\iint_D cx^2 y\mathrm{d}x\mathrm{d}y=\int_{-1}^{1}\int_{x^2}^{1}cx^2 y\mathrm{d}y\mathrm{d}x=c\int_{-1}^{1}x^2\left(\frac{1}{2}y^2\right)\Big|_{x^2}^{1}\mathrm{d}x$$

$$=\frac{c}{2}\int_{-1}^{1}x^2(1-x^4)\mathrm{d}x=c\int_{0}^{1}(x^2-x^6)\mathrm{d}x=\frac{4c}{21}=1,$$

故 $c=\frac{21}{4}$.

例 2 设二维随机变量 (X,Y) 在矩形 $G=\{(x,y)\mid 0\leqslant x\leqslant 2,0\leqslant y\leqslant 1\}$ 上服从均匀分布,试求边长为 X 和 Y 的矩形面积 Z 的概率密度.

解 由题意知,二维随机变量 (X,Y) 的概率密度为

$$f(x,y)=\begin{cases}\dfrac{1}{2}, & (x,y)\in G,\\ 0, & \text{其他}.\end{cases}$$

$Z=XY$ 的分布函数为

$$F_Z(z)=P\{Z\leqslant z\}=P\{XY\leqslant z\}.$$

当 $z\leqslant 0$ 时,曲线 $xy=z$ 的左下方全部在矩形 G 之外,此时 $f(x,y)=0$,故 $F_Z(z)=0$;

当 $z\geqslant 2$ 时,整个矩形 G 包含在曲线 $xy=z$ 的左下方,此时积分区域为整个矩形 G,故

$$F_Z(z)=\iint_G f(x,y)\mathrm{d}x\mathrm{d}y=\frac{1}{2}\iint_G \mathrm{d}x\mathrm{d}y=\frac{1}{2}\times 2=1;$$

当 $0 < z < 2$ 时,$F_Z(z) = P\{Z \leqslant z\} = P\{XY \leqslant z\} = 1 - P\{XY > z\}$

$$= 1 - \iint\limits_{xy>z} \frac{1}{2}\mathrm{d}x\mathrm{d}y = 1 - \frac{1}{2}\int_z^2 \mathrm{d}x \int_{\frac{z}{x}}^1 \mathrm{d}y$$

$$= z(1 + \ln 2 - \ln z).$$

于是所求的概率密度为

$$f_Z(z) = F_Z'(z) = \begin{cases} \dfrac{\ln 2 - \ln z}{2}, & 0 < z < 2, \\ 0, & \text{其他}. \end{cases}$$

例 3 箱子里装有 12 只开关,其中有 2 只次品,今从箱中随机地抽取两次,每次取 1 只,考虑两种试验:(1) 放回抽样;(2) 不放回抽样. 我们定义随机变量 X 和 Y 如下:

$$X = \begin{cases} 0, & \text{第一次取出的是正品}, \\ 1, & \text{第一次取出的是次品}; \end{cases} \quad Y = \begin{cases} 0, & \text{第二次取出的是正品}, \\ 1, & \text{第二次取出的是次品}. \end{cases}$$

试分别就(1)(2)两种情况,求随机变量 (X,Y) 的联合分布律和边缘分布律.

解 (1) 放回抽样,联合分布律为

Y \ X	0	1	$p_{\cdot j}$
0	$\dfrac{100}{144}$	$\dfrac{20}{144}$	$\dfrac{120}{144} = \dfrac{5}{6}$
1	$\dfrac{20}{144}$	$\dfrac{4}{144}$	$\dfrac{24}{144} = \dfrac{1}{6}$
$p_{i\cdot}$	$\dfrac{120}{144} = \dfrac{5}{6}$	$\dfrac{24}{144} = \dfrac{1}{6}$	1

故 (X,Y) 的边缘分布律为

$$p_{0\cdot} = \frac{5}{6}, p_{1\cdot} = \frac{1}{6}, p_{\cdot 0} = \frac{5}{6}, p_{\cdot 1} = \frac{1}{6}.$$

(2) 不放回抽样,联合分布律为

Y \ X	0	1	$p_{\cdot j}$
0	$\dfrac{90}{132}$	$\dfrac{20}{132}$	$\dfrac{110}{132} = \dfrac{5}{6}$
1	$\dfrac{20}{132}$	$\dfrac{2}{132}$	$\dfrac{22}{132} = \dfrac{1}{6}$
$p_{i\cdot}$	$\dfrac{110}{132} = \dfrac{5}{6}$	$\dfrac{22}{132} = \dfrac{1}{6}$	1

故 (X,Y) 的边缘分布律为

$$p_{0\cdot} = \frac{5}{6}, p_{1\cdot} = \frac{1}{6}, p_{\cdot 0} = \frac{5}{6}, p_{\cdot 1} = \frac{1}{6}.$$

例 4 根据例 1 中给定的 $f(x,y)$,求 $P\{(X,Y) \in D_1\}$,其中 $D_1 = \{(x,y) \mid 2x^2 \leqslant y \leqslant 1\}$.

解 $P\{(X,Y)\in D_1\} = \iint\limits_{D_1} f(x,y)\mathrm{d}x\mathrm{d}y$

$$= \int_{-\frac{1}{\sqrt{2}}}^{\frac{1}{\sqrt{2}}} \int_{2x^2}^{1} \frac{21}{4} x^2 y \mathrm{d}y\mathrm{d}x = \frac{21}{4}\int_{-\frac{1}{\sqrt{2}}}^{\frac{1}{\sqrt{2}}} x^2 \left(\frac{1}{2}y^2\right)\Big|_{2x^2}^{1} \mathrm{d}x$$

$$= \frac{21}{8}\int_{-\frac{1}{\sqrt{2}}}^{\frac{1}{\sqrt{2}}} x^2(1-4x^4)\mathrm{d}x$$

$$= \frac{21}{4}\int_{0}^{\frac{1}{\sqrt{2}}}(x^2-4x^6)\mathrm{d}x = \frac{\sqrt{2}}{4}.$$

例 5 设二维随机变量(X,Y)的概率密度为

$$f(x,y)=\begin{cases} 48y(2-x), & 0\leqslant x\leqslant 1, 0\leqslant y\leqslant x,\\ 0, & \text{其他}, \end{cases}$$

试求边缘概率密度.

解 当$0\leqslant x\leqslant 1$时,

$$f_X(x) = \int_0^x 48y(2-x)\mathrm{d}y = 24x^2(2-x),$$

所以

$$f_X(x)=\begin{cases} 24x^2(2-x), & 0\leqslant x\leqslant 1,\\ 0, & \text{其他}. \end{cases}$$

当$0\leqslant y\leqslant 1$时,

$$f_Y(y) = \int_y^1 48y(2-x)\mathrm{d}x = 72y-96y^2+24y^3,$$

所以

$$f_Y(y)=\begin{cases} 72y-96y^2+24y^3, & 0\leqslant y\leqslant 1,\\ 0, & \text{其他}. \end{cases}$$

例 6 记二维随机变量(X,Y)的概率密度为

$$f(x,y)=\begin{cases} \mathrm{e}^{-x}, & 0<y<x,\\ 0, & \text{其他}. \end{cases}$$

求:(1) 条件概率密度 $f_{Y|X}(y|x)$;(2) 条件概率 $P\{X\leqslant 1|Y\leqslant 1\}$.

解 (1) $f_X(x) = \begin{cases} \int_0^x \mathrm{e}^{-x}\mathrm{d}y, & x>0,\\ 0, & x\leqslant 0 \end{cases} = \begin{cases} x\mathrm{e}^{-x}, & x>0,\\ 0, & x\leqslant 0. \end{cases}$

当 $f_X(x)>0$ 时,$f_{Y|X}(y|x)=\dfrac{f(x,y)}{f_X(x)}=\begin{cases} \dfrac{1}{x}, & 0<y<x,\\ 0, & \text{其他}; \end{cases}$

当 $f_X(x)=0$ 时,$f_{Y|X}(y|x)=0.$

(2) 因为

$$P\{Y\leqslant 1\} = \int_0^1 \mathrm{d}y\int_y^{+\infty} \mathrm{e}^{-x}\mathrm{d}x = 1-\mathrm{e}^{-1},$$

$$P\{X\leqslant 1, Y\leqslant 1\} = \int_0^1 \mathrm{d}y\int_y^1 \mathrm{e}^{-x}\mathrm{d}x = 1-2\mathrm{e}^{-1},$$

故

$$P\{X\leqslant 1|Y\leqslant 1\}=\frac{P\{X\leqslant 1,Y\leqslant 1\}}{P\{Y\leqslant 1\}}=\frac{1-2\mathrm{e}^{-1}}{1-\mathrm{e}^{-1}}=\frac{\mathrm{e}-2}{\mathrm{e}-1}.$$

例 7 设二维随机变量 (X,Y) 的联合概率密度函数为

$$f(x,y)=\begin{cases}\mathrm{e}^{-x}, & 0\leqslant y\leqslant x,\\ 0, & \text{其他},\end{cases}$$

试求 $Z=\mathrm{e}^{-(X+Y)}$ 的概率密度函数.

解 由 X 与 Y 的取值范围和 Z 与 X,Y 的函数关系知, z 的取值范围是 $0<z\leqslant 1$.

当 $z\leqslant 0$ 时, $F_Z(z)=0$;

当 $z>1$ 时, $F_Z(z)=1$;

当 $0<z\leqslant 1$ 时, $F_Z(z)=P\{Z\leqslant z\}=P\{\mathrm{e}^{-(X+Y)}\leqslant z\}=1-P\{X+Y\leqslant -\ln z\}$

$$=1-\int_0^{-\frac{1}{2}\ln z}\int_y^{-y-\ln z}\mathrm{e}^{-x}\mathrm{d}y\mathrm{d}x$$
$$=2\sqrt{z}-z.$$

综上得

$$F_Z(z)=\begin{cases}0, & z\leqslant 0,\\ 2\sqrt{z}-z, & 0<z\leqslant 1,\\ 1, & z>1,\end{cases}$$

从而

$$f_Z(z)=\begin{cases}\dfrac{1}{\sqrt{z}}-1, & 0<z\leqslant 1,\\ 0, & \text{其他}.\end{cases}$$

例 8 设随机变量 (X,Y) 服从二维正态分布,其概率密度为

$$f(x,y)=\frac{1}{2\pi}\mathrm{e}^{-[2x^2+\sqrt{3}x(y-1)+\frac{1}{2}(y-1)^2]},$$

求 $f_X(x), f_Y(y)$.

解 显然应有

$$\sigma_1\sigma_2\sqrt{1-\rho^2}=1,\ -\frac{1}{2(1-\rho^2)}\frac{2\rho}{\sigma_1\sigma_2}=\sqrt{3}.$$

将上面两式相乘得到 $\rho^2=\dfrac{3}{4}$,从而 $-\dfrac{1}{2(1-\rho^2)}=-2$,于是

$$f(x,y)=\frac{1}{2\pi}\mathrm{e}^{-2\left[\frac{x^2}{1^2}+\frac{\sqrt{3}}{2}x(y-1)+\frac{(y-1)^2}{2^2}\right]}=\frac{1}{2\pi\times 1\times 2\times \frac{1}{2}}\mathrm{e}^{-\frac{1}{2(1-\frac{3}{4})}\left[\frac{x^2}{1^2}-2\times\left(-\frac{\sqrt{3}}{2}\right)\frac{x(y-1)}{1\times 2}+\frac{(y-1)^2}{2^2}\right]},$$

于是 $\mu_1=0, \mu_2=1, \sigma_1=1, \sigma_2=2, \rho=-\dfrac{\sqrt{3}}{2}$,因而 $X\sim N(0,1), Y\sim N(1,2^2)$,

$$f_X(x)=\frac{1}{\sqrt{2\pi}\sigma_1}\mathrm{e}^{-\frac{(x-\mu_1)^2}{2\sigma_1^2}}=\frac{1}{\sqrt{2\pi}}\mathrm{e}^{-\frac{x^2}{2}}\ (-\infty<x<+\infty),$$

$$f_Y(y)=\frac{1}{\sqrt{2\pi}\sigma_2}\mathrm{e}^{-\frac{(x-\mu_2)^2}{2\sigma_2^2}}=\frac{1}{2\sqrt{2\pi}}\mathrm{e}^{-\frac{(y-1)^2}{2\sigma_2^2}}\ (-\infty<y<+\infty).$$

例 9 设 X 与 Y 相互独立且同分布, $P\{X=-1\}=P\{X=1\}=\dfrac{1}{2}$,令 $Z=XY$,证明: X,

Y, Z 两两独立但不相互独立.

证 Z 的可能取值为 $-1, 1$, 随机变量 Z 的分布律为
$$P\{Z=-1\} = P\{XY=-1\} = P\{X=1, Y=-1\} + P\{X=-1, Y=1\}$$
$$= P\{X=1\}P\{Y=-1\} + P\{X=-1\}P\{Y=1\} = \frac{1}{2};$$
$$P\{Z=1\} = P\{XY=1\} = P\{X=1, Y=1\} + P\{X=-1, Y=-1\}$$
$$= P\{X=1\}P\{Y=1\} + P\{X=-1\}P\{Y=-1\} = \frac{1}{2}.$$

又
$$P\{X=-1, Z=1\} = P\{X=-1\}P\{Y=-1\} = \frac{1}{4},$$

而
$$P\{X=-1\}P\{Z=1\} = \frac{1}{4},$$

因而有
$$P\{X=-1, Z=1\} = P\{X=-1\}P\{Z=1\}.$$

同理可证:
$$P\{X=-1, Z=-1\} = P\{X=-1\}P\{Z=-1\},$$
$$P\{X=1, Z=1\} = P\{X=1\}P\{Z=1\},$$
$$P\{X=1, Z=-1\} = P\{X=1\}P\{Z=1\},$$

故 X 与 Z 相互独立.

同理可证: Y 与 Z 相互独立.

故随机变量 X, Y, Z 两两独立.

因为事件 $\{X=1, Y=1, Z=-1\}$ 为不可能事件, 则 $P\{X=1, Y=1, Z=-1\} = 0$, 而 $P\{X=1\}P\{Y=1\}P\{Z=-1\} = \frac{1}{8} \neq 0$, 所以 X, Y, Z 不相互独立.

综 合 题

1. 将两封信投入三个编号为 1,2,3 的信箱,用 X,Y 分别表示投入第 1,2 号信箱的信的封数.
   (1) 求 (X,Y) 的联合分布律及分别关于 X,Y 的边缘分布律,并判断 X 与 Y 是否独立;
   (2) 求随机变量 $Z=2X+Y, W=XY$ 的分布律.

2. 设二维随机变量 (X,Y) 在区域 $D=\{(x,y)\mid 0<x<1, |y|<x\}$ 内服从均匀分布,求:
   (1) 关于 X,Y 的边缘概率密度; (2) 概率 $P\{X+Y\leqslant 1\}$.

3. 设二维随机变量(X,Y)的联合密度函数为
$$f(x,y)=Ae^{-2x^2+2xy-y^2}, -\infty<x<+\infty, -\infty<y<+\infty,$$
求 A 及 $f_{Y|X}(y|x)$.

4. 设随机变量 X 与 Y 相互独立,X 的概率分布为 $P(X=i)=\dfrac{1}{3}(i=-1,0,1)$,$Y$ 的概率密度为 $f_Y(y)=\begin{cases}1, & 0\leqslant y\leqslant 1,\\ 0, & \text{其他}.\end{cases}$ 记 $Z=X+Y$,求:

(1) $P\left\{Z\leqslant\dfrac{1}{2}\,\Big|\,X=0\right\}$; (2) Z 的概率密度.

院(系) _____ 班级 _____ 学号 _____ 姓名 _____

5. 设随机变量 X_1 与 Y_2 相互独立,且分别服从参数为 λ_1 与 λ_2 的泊松分布,试证:
$$P\{X_1=k\mid X_1+X_2=n\}=C_n^k\left(\frac{\lambda_1}{\lambda_1+\lambda_2}\right)^k\left(\frac{\lambda_2}{\lambda_1+\lambda_2}\right)^{n-k}.$$

6. 设二维随机变量 (X,Y) 的概率密度为
$$f(x,y)=\begin{cases}1, & 0<x<1, 0<y<2x,\\ 0, & \text{其他}.\end{cases}$$
求:(1) (X,Y) 的边缘概率密度 $f_X(x), f_Y(y)$;(2) $Z=2X-Y$ 的概率密度 $f_Z(z)$;
(3) $P\left\{Y\leqslant\dfrac{1}{2}\,\bigg|\,X\leqslant\dfrac{1}{2}\right\}$.

参考答案

基础题

1.

X \ Y	1	2	3
1	0	$\frac{1}{6}$	$\frac{1}{12}$
2	$\frac{1}{6}$	$\frac{1}{6}$	$\frac{1}{6}$
3	$\frac{1}{12}$	$\frac{1}{6}$	0

2. (1) $A=\frac{1}{\pi^2}, B=C=\frac{\pi}{2}$. (2) $f(x,y)=\frac{12}{\pi^2(x^2+9)(y^2+16)}$.

3. (1) $f(x,y)=\begin{cases}(\ln 3)^2 3^{-x-y}, & x>0, y>0,\\ 0, & 其他.\end{cases}$ (2) $P\{0<X\leqslant 1, 0<Y\leqslant 1\}=0.444$.

4. (1) $k=12$. (2) $1-\mathrm{e}^{-3}-\mathrm{e}^{-8}+\mathrm{e}^{-11}$. (3) $F(x,y)=\begin{cases}(1-\mathrm{e}^{-3x})(1-\mathrm{e}^{-4y}), & x>0, y>0,\\ 0, & 其他.\end{cases}$

5. $\frac{7}{72}$. 6. (1)(2) 见表. (3) $P\{X<1.5, Y<2.5\}=\frac{40}{56}, P\{X\leqslant 2\}=1, P\{Y<0\}=0$.

X \ Y	0	1	2	3	$p_i.$
0	0	0	$\frac{10}{56}$	$\frac{10}{56}$	$\frac{20}{56}$
1	0	$\frac{10}{56}$	$\frac{20}{56}$	0	$\frac{30}{56}$
2	$\frac{1}{56}$	$\frac{5}{56}$	0	0	$\frac{6}{56}$
$p._j$	$\frac{1}{56}$	$\frac{15}{56}$	$\frac{30}{56}$	$\frac{10}{56}$	1

7. (1) $C=\frac{21}{4}$. (2) $f_X(x)=\begin{cases}\frac{21}{8}x^2(1-x^4), & -1\leqslant x\leqslant 1,\\ 0, & 其他;\end{cases}$ $f_Y(y)=\begin{cases}\frac{7}{2}y^{\frac{5}{2}}, & 0\leqslant y\leqslant 1,\\ 0, & 其他.\end{cases}$

8. $f_X(x)=\begin{cases}\frac{2\sqrt{R^2-x^2}}{\pi R^2}, & |x|<R,\\ 0, & 其他;\end{cases}$ $f_Y(y)=\begin{cases}\frac{2\sqrt{R^2-y^2}}{\pi R^2}, & |y|<R,\\ 0, & 其他.\end{cases}$ 因 $f(x,y)\neq f_X(x)f_Y(y)$,

故 X 与 Y 不独立. $f(x|y)=\begin{cases}\dfrac{1}{2\sqrt{R^2-y^2}}, & |x|<\sqrt{R^2-y^2}, |y|<R,\\ 0, & 其他;\end{cases}$

$$f(y|x) = \begin{cases} \dfrac{1}{2\sqrt{R^2-x^2}}, & |y|<\sqrt{R^2-x^2}, |x|<R, \\ 0, & \text{其他}. \end{cases}$$

9. (1) $a+b=\dfrac{1}{3}$. (2) $a=\dfrac{2}{9}, b=\dfrac{1}{9}$.

10. (1)

X\Y	0	1	2	3
0	0.28	0.14	0.07	0.21
1	0.12	0.06	0.03	0.09

(2)

X+Y	0	1	2	3	4
p	0.28	0.26	0.23	0.24	0.09

11. 因 $\rho=0$,故 X 与 Y 相互独立.

12. (1) $f(x,y)=f_X(x)f_Y(y)=\begin{cases} \dfrac{1}{2}e^{-\frac{y}{2}}, & 0<x<1, y>0, \\ 0, & \text{其他}. \end{cases}$ (2) 0.1445. 13. (1) 独立. (2) 不独立.

14. $f_Z(z)=\begin{cases} 1-e^{-z}, & 0<z<1, \\ e^{-z}(e-1), & z\geqslant 1, \\ 0, & \text{其他}. \end{cases}$

15. 设两周、三周的需求量的概率密度分别为 $f_1(x), f_2(x)$. (1) $f_1(x)=\begin{cases} \dfrac{1}{6}x^3e^{-x}, & x>0, \\ 0, & x\leqslant 0. \end{cases}$

(2) $f_2(x)=\begin{cases} \dfrac{1}{120}x^5e^{-x}, & x>0, \\ 0, & x\leqslant 0. \end{cases}$ 16. (1) $F_{Y_1}(x)=\begin{cases} \left(1-e^{-\frac{x^2}{8}}\right)^5, & x\geqslant 0, \\ 0, & x<0. \end{cases}$

(2) $F_{Y_2}(x)=\begin{cases} 1-e^{-\frac{5x^2}{8}}, & x\geqslant 0, \\ 0, & x<0. \end{cases}$ (3) 0.5167. 17. 0.000634.

提高题

1.

Y\X	0	1	2	3	$p_{\cdot j}$
1	0	$\dfrac{3}{8}$	$\dfrac{3}{8}$	0	$\dfrac{6}{8}$
3	$\dfrac{1}{8}$	0	0	$\dfrac{1}{8}$	$\dfrac{2}{8}$
$p_{i\cdot}$	$\dfrac{1}{8}$	$\dfrac{3}{8}$	$\dfrac{3}{8}$	$\dfrac{1}{8}$	1

故 (X,Y) 的边缘分布律为 $p_{0\cdot}=\dfrac{1}{8}, p_{1\cdot}=\dfrac{3}{8}, p_{2\cdot}=\dfrac{3}{8}, p_{3\cdot}=\dfrac{1}{8}, p_{\cdot 1}=\dfrac{6}{8}, p_{\cdot 3}=\dfrac{2}{8}$.

2. $F(x,y) = \begin{cases} 0, & x<0, y<0, \\ \dfrac{\sin x + \sin y - \sin(x+y)}{2}, & 0 \leqslant x \leqslant \dfrac{\pi}{2}, 0 \leqslant y < \dfrac{\pi}{2}, \\ \dfrac{\sin x + 1 - \cos x}{2}, & 0 \leqslant x \leqslant \dfrac{\pi}{2}, y \geqslant \dfrac{\pi}{2}, \\ \dfrac{\sin y + 1 - \cos y}{2}, & x > \dfrac{\pi}{2}, 0 \leqslant y < \dfrac{\pi}{2}, \\ 1, & x > \dfrac{\pi}{2}, y > \dfrac{\pi}{2}. \end{cases}$

3. 不一定. $f_{X_1}(x) = \int_0^1 (x+y) \mathrm{d}y = \dfrac{1}{2} + x (0 \leqslant x \leqslant 1)$, $f_{Y_1}(y) = \dfrac{1}{2} + y (0 \leqslant y \leqslant 1)$, $g_{X_2}(x) = \int_0^1 \left(\dfrac{1}{2}+x\right)\left(\dfrac{1}{2}+y\right) \mathrm{d}y = \dfrac{1}{2} + x (0 \leqslant x \leqslant 1)$, $g_{Y_2}(y) = \dfrac{1}{2} + y (0 \leqslant y \leqslant 1)$. 可见，它们有相同的边缘分布密度，但联合分布密度是完全不同的. 4. (1) 当 $m = 0, 1, 2, \cdots, n$ 时，$P\{X=n \mid Y=m\} = \dfrac{\mathrm{e}^{-6.86}(6.86)^{n-m}}{(n-m)!}$, $n = m, m+1, \cdots$; 当 $n = 0, 1, 2, \cdots$ 时，$P\{Y=m \mid X=n\} = C_n^m (1.04)^m (0.49)^n$, $m = 0, 1, 2, \cdots, n$. (2) $P\{Y=m \mid X=20\} = C_{20}^m (1.04)^m (0.49)^{20}$, $m = 0, 1, 2, \cdots, 20$.

5. (1) $f_{X|Y}(x|y) = \begin{cases} \dfrac{3}{2} x^2 y^{-\frac{3}{2}}, & -\sqrt{y} < x < \sqrt{y}, \\ 0, & 其他. \end{cases}$

(2) $f_{X|Y}\left(x \mid y = \dfrac{1}{2}\right) = \begin{cases} 3\sqrt{2} x^2, & -\dfrac{1}{\sqrt{2}} < x < \dfrac{1}{\sqrt{2}}, \\ 0, & 其他. \end{cases}$

6. (1) 二维随机变量 (X,Y) 的概率分布如下：

X \ Y	1	2	3
1	$\dfrac{1}{12}$	$\dfrac{1}{12}$	$\dfrac{1}{12}$
2	$\dfrac{2}{12}$	$\dfrac{1}{12}$	0
3	$\dfrac{2}{12}$	$\dfrac{1}{12}$	0
4	$\dfrac{1}{12}$	$\dfrac{1}{12}$	$\dfrac{1}{12}$

(2)

X	1	2	3	4
$p_{\cdot j}$	$\dfrac{1}{4}$	$\dfrac{1}{4}$	$\dfrac{1}{4}$	$\dfrac{1}{4}$

Y	1	2	3
p_i	$\dfrac{1}{2}$	$\dfrac{1}{3}$	$\dfrac{1}{6}$

(3) 条件概率分布为

Y	1	2	3
p	$\dfrac{1}{3}$	$\dfrac{1}{3}$	$\dfrac{1}{3}$

7. $f_Z(z) = \begin{cases} \dfrac{z}{\sigma^2} \mathrm{e}^{-\frac{z^2}{2\sigma^2}}, & z \geqslant 0, \\ 0, & 其他. \end{cases}$

8. (1) 记 $Y_1 = X_1 X_4$, $Y_2 = X_2 X_3$, 则 $Z = Y_1 - Y_2$, 且 Y_1 和 Y_2 独立同分布：$P\{Y_1 = 1\} = P\{Y_2 = 1\} = P\{X_2 = 1, X_3 = 1\} = 0.16$, $P\{Y_1 = 0\} = P\{Y_2 = 0\} = 0.84$. 随机变量 $Z = Y_1 - Y_2$ 的分布律为

Z	-1	0	1
p	0.1344	0.7312	0.1344

(2) $P\{Z \neq 0\} = 1 - P\{Z = 0\} = 1 - 0.7312 = 0.2688$.

综合题

1.（1）(X,Y)的联合分布律及关于X,Y的边缘分布律为

Y \ X	0	1	2	$p._j$
0	$\frac{1}{9}$	$\frac{2}{9}$	$\frac{1}{9}$	$\frac{4}{9}$
1	$\frac{2}{9}$	$\frac{2}{9}$	0	$\frac{4}{9}$
2	$\frac{1}{9}$	0	0	$\frac{1}{9}$
$p_i.$	$\frac{4}{9}$	$\frac{4}{9}$	$\frac{1}{9}$	1

因为 $P\{X=0,Y=0\}\neq P\{X=0\}P\{Y=0\}$，故 X 与 Y 不独立.

（2）

Y \ X	0	1	2
0	0	2	4
1	2	3	5
2	2	4	6

Y \ X	0	1	2
0	0	0	0
1	0	1	2
2	0	2	4

Z	0	1	2	3	4
p	$\frac{1}{9}$	$\frac{2}{9}$	$\frac{3}{9}$	$\frac{2}{9}$	$\frac{1}{9}$

W	0	1
p	$\frac{7}{9}$	$\frac{2}{9}$

2. (X,Y)的联合概率密度为 $f(x,y)=\begin{cases}1,&0<x<1,|y|<x,\\0,&\text{其他}.\end{cases}$

(1) $f_X(x)=\begin{cases}\int_{-x}^{x}1\mathrm{d}y,\\0\end{cases}=\begin{cases}2x,&0<x<1,\\0,&\text{其他};\end{cases}$ $f_Y(y)=\begin{cases}\int_{y}^{1}1\mathrm{d}x,\\\int_{-y}^{1}1\mathrm{d}x,\\0\end{cases}=\begin{cases}1-y,&0<y<1,\\1+y,&-1<y<0,\\0&\text{其他}.\end{cases}$

(2) $P\{X+Y\leqslant 1\}=\int_{0}^{\frac{1}{2}}\mathrm{d}x\int_{-x}^{x}1\mathrm{d}y+\int_{\frac{1}{2}}^{1}\mathrm{d}x\int_{-x}^{1-x}1\mathrm{d}y=\frac{3}{4}$.

3. 因为 $\int_{-\infty}^{+\infty}\int_{-\infty}^{+\infty}f(x,y)\mathrm{d}x\mathrm{d}y=A\int_{-\infty}^{+\infty}\mathrm{d}x\int_{-\infty}^{+\infty}\mathrm{e}^{-2x^2+2xy-y^2}\mathrm{d}y=A\int_{-\infty}^{+\infty}\mathrm{e}^{-x^2}\mathrm{d}x\int_{-\infty}^{+\infty}\mathrm{e}^{-(y-x)^2}\mathrm{d}(y-x)=1$,

$\int_{-\infty}^{+\infty}\mathrm{e}^{-(y-x)^2}\mathrm{d}(y-x)=2\int_{0}^{+\infty}\mathrm{e}^{-x^2}\mathrm{d}x\xrightarrow{x^2=t}\int_{0}^{+\infty}t^{-\frac{1}{2}}\mathrm{e}^{-t}\mathrm{d}t=\Gamma\left(\frac{1}{2}\right)=\sqrt{\pi}$,所以 $1=A\sqrt{\pi}\sqrt{\pi}=A\pi$,故 $A=\frac{1}{\pi}$. $f_X(x)=\frac{\mathrm{e}^{-x^2}}{\pi}\int_{-\infty}^{+\infty}\mathrm{e}^{-(y-x)^2}\mathrm{d}y=\frac{\mathrm{e}^{-x^2}}{\sqrt{\pi}}$,故

$$f_{Y|X}(y\mid x)=\frac{f(x,y)}{f_X(x)}=\frac{1}{\sqrt{\pi}}\mathrm{e}^{-(x-y)^2},-\infty<x<+\infty,-\infty<y<+\infty.$$

4. (1) $F(z)=\frac{1}{3}\left(1+\int_{0}^{z}1\mathrm{d}y+0\right)=\frac{1}{3}(z+1)$,$P\left\{Z\leqslant\frac{1}{2}\Big|X=0\right\}=P\left\{X+Y\leqslant\frac{1}{2}\Big|X=0\right\}=P\left\{Y\leqslant\frac{1}{2}\right\}=\int_{0}^{\frac{1}{2}}1\mathrm{d}y=\frac{1}{2}$.   (2) 当 $z<-1$ 时,$F(z)=0$;当 $z\geqslant 2$ 时,$F(z)=1$;当 $-1\leqslant z<2$ 时,$F(z)=$

$P\{Z\leqslant z\}=P\{X+Y\leqslant z|X=-1\}P\{X=-1\}+P\{X+Y\leqslant z|X=0\}P\{X=0\}+P\{X+Y\leqslant z|X=1\}P\{X=1\}=\dfrac{1}{3}(P\{Y\leqslant z+1\}+P\{Y\leqslant z\}+P\{Y\leqslant z-1\})$；当 $-1\leqslant z<0$ 时，$F(z)=\dfrac{1}{3}\int_0^{z+1}1\mathrm{d}y=\dfrac{1}{3}(z+1)$；当 $0\leqslant z<1$ 时，$F(z)=\dfrac{1}{3}\left(1+\int_0^z 1\mathrm{d}y+0\right)=\dfrac{1}{3}(z+1)$；当 $1\leqslant z<2$ 时，$F(z)=\dfrac{1}{3}\left(1+1+\int_0^{z-1}1\mathrm{d}y\right)=\dfrac{1}{3}(z+1)$. 故 $F(z)=\begin{cases}0, & z<-1,\\ \dfrac{1}{3}(z+1), & -1\leqslant z<2,\\ 1, & z\geqslant 2,\end{cases}$ 则 $f(z)=\begin{cases}\dfrac{1}{3}, & -1\leqslant z<2,\\ 0, & \text{其他.}\end{cases}$

5. $P\{X_1=k|X_1+X_2=n\}=\dfrac{P\{X_1=k,X_1+X_2=n\}}{P\{X_1+X_2=n\}}=\dfrac{P\{X_1=k\}P\{X_2=n-k\}}{P\{X_1+X_2=n\}}$，由泊松分布的可加性，知 $X_1+X_2\sim P(\lambda_1+\lambda_2)$，故 $P\{X_1=k|X_1+X_2=n\}=\dfrac{\dfrac{\lambda_1^k}{k!}e^{-\lambda_1}\cdot\dfrac{\lambda_2^{n-k}}{(n-k)!}e^{-\lambda_2}}{\dfrac{(\lambda_1+\lambda_2)^n}{n!}e^{-(\lambda_1+\lambda_2)}}=C_n^k\left(\dfrac{\lambda_1}{\lambda_1+\lambda_2}\right)^k\left(1-\dfrac{\lambda_1}{\lambda_1+\lambda_2}\right)^{n-k}=C_n^k\left(\dfrac{\lambda_1}{\lambda_1+\lambda_2}\right)^k\left(\dfrac{\lambda_2}{\lambda_1+\lambda_2}\right)^{n-k}$.

6. (1) $f_X(x)=\begin{cases}\int_0^{2x}\mathrm{d}y\\ 0\end{cases}=\begin{cases}2x, & 0<x<1,\\ 0, & \text{其他;}\end{cases}$ $f_Y(y)=\begin{cases}\int_{\frac{y}{2}}^1\mathrm{d}x\\ 0\end{cases}=\begin{cases}1-\dfrac{y}{2}, & 0<y<2,\\ 0, & \text{其他.}\end{cases}$ (2) 当 $z\leqslant 0$ 时，$F_Z(z)=0$；当 $z\geqslant 2$ 时，$F_Z(z)=1$；当 $0<z<2$ 时，$F_Z(z)=P\{2X-Y\leqslant Z\}=\iint\limits_{2x-y\leqslant z}f(x,y)\mathrm{d}x\mathrm{d}y=z-\dfrac{z^2}{4}$. 所以 $f_Z(z)=\begin{cases}1-\dfrac{z}{2}, & 0<z<2,\\ 0, & \text{其他.}\end{cases}$ (3) $P\left\{Y\leqslant\dfrac{1}{2}\bigg|X\leqslant\dfrac{1}{2}\right\}=\dfrac{P\left\{X\leqslant\dfrac{1}{2},Y\leqslant\dfrac{1}{2}\right\}}{P\left\{X\leqslant\dfrac{1}{2}\right\}}=\dfrac{\dfrac{3}{16}}{\dfrac{1}{4}}=\dfrac{3}{4}$.

第4章 随机变量的数字特征

基 础 题

1. 甲、乙两台自动车床生产同一种零件,生产 1000 件产品所出的次品数分别用 X,Y 表示,经过一段时间的考察,知 X,Y 的分布律如下:

X	0	1	2	3
p_i	0.7	0.1	0.1	0.1

Y	0	1	2
p_i	0.5	0.3	0.2

试比较两台车床的优劣.

2. 若连续型随机变量的概率密度为
$$f(x)=\begin{cases} ax^2+bx+c, & 0<x<1, \\ 0, & 其他, \end{cases}$$
且已知 $E(X)=0.5, D(X)=0.15$,求系数 a,b,c.

3. 已知随机变量 X 的分布律为

X	-1	0	2	3
p_i	$\frac{1}{8}$	$\frac{1}{4}$	$\frac{3}{8}$	$\frac{1}{4}$

求 $E(X), E(3X-2), E(X^2), E[(1-X)^2]$.

4. 设随机变量 X 的概率密度为
$$f(x)=\begin{cases} e^{-x}, & x>0, \\ 0, & x\leqslant 0. \end{cases}$$
求：(1) $Y=3X$ 的数学期望；(2) $Y=e^{-X}$ 的数学期望.

5. 设 (X,Y) 的分布律为

X \ Y	1	2	3
−1	0.2	0.1	0
0	0.1	0	0.3
1	0.1	0.1	0.1

(1) 求 $E(X),E(Y)$；(2) 设 $Z=\dfrac{X}{Y}$，求 $E(Z)$.

6. 已知随机变量 X 服从正态分布 $N(\mu,\sigma^2)$，令 $Y=e^{\frac{\mu^2-2\mu X}{2\sigma^2}}$，求 $E(Y)$.

7. 设随机变量 X 与 Y 相互独立,且 $E(X)=E(Y)=0$, $D(X)=D(Y)=1$,求 $E[(X+Y)^2]$.

8. 证明:当 $k=E(X)$ 时, $E[(X-k)^2]$ 的值最小,且最小值为 $D(X)$.

9. 设随机变量 X 和 Y,已知 $D(X)=25$, $D(Y)=36$, $\rho_{XY}=0.4$,计算 $D(X+Y)$, $D(X-Y)$.

10. 证明:若 X 和 Y 不相关,则有 $D(X+Y)=D(X)+D(Y)$ 成立.

11. 设二维随机变量 (X,Y) 的联合概率密度为
$$f(x,y)=\begin{cases}\dfrac{1}{\pi}, & x^2+y^2\leqslant 1,\\ 0, & \text{其他}.\end{cases}$$
试验证 X 和 Y 不相关,但 X 和 Y 并不相互独立.

12. 设二维随机变量 (X,Y) 的联合分布律为

X \ Y	−1	0	1
−1	$\dfrac{1}{8}$	$\dfrac{1}{8}$	$\dfrac{1}{8}$
0	$\dfrac{1}{8}$	0	$\dfrac{1}{8}$
1	$\dfrac{1}{8}$	$\dfrac{1}{8}$	$\dfrac{1}{8}$

计算 ρ_{XY},并判断 X 与 Y 是否独立.

13. 设随机变量 X 服从指数分布,其概率密度为
$$f(x)=\begin{cases}\lambda e^{-\lambda x}, & x>0,\\ 0, & x\leqslant 0\end{cases}\quad(\lambda>0).$$
试求 k 阶原点矩与 3 阶中心矩.

提 高 题

1. 有三只球、四只盒子,盒子的编号分别为 1,2,3,4. 将球逐个独立地、随机地放入四只盒子中. 以 X 表示其中至少有一只球的盒子的最小号码(如 $X=3$ 表示第 1 号、第 2 号盒子是空的,第 3 号盒子至少有一只球),试求 $E(X)$.

2. 设 (X,Y) 的概率密度为
$$f(x,y)=\begin{cases} 12y^2, & 0\leqslant y\leqslant x\leqslant 1, \\ 0, & \text{其他}. \end{cases}$$
求 $E(X), E(Y), E(XY), E(X^2+Y^2)$.

3. 已知随机变量 X 的概率密度为
$$f(x)=\begin{cases} \dfrac{2}{\pi}\cos^2 x, & |x|\leqslant \dfrac{\pi}{2}, \\ 0, & |x|\geqslant \dfrac{\pi}{2}. \end{cases}$$
求 $E(X), D(X)$.

4. 轮船横向摇摆的随机振幅 X 的概率密度为
$$f(x)=\begin{cases}Axe^{-\frac{x^2}{2\sigma^2}}, & x>0 \\ 0, & x\leq 0\end{cases}, (\sigma>0).$$
(1) 确定系数 A；(2) 求 $E(X), D(X)$；
(3) 问 X 大于和小于其平均振幅的概率是否相同？

5. 圆的直径用 X 度量，且 X 在 $[a,b]$ 上服从均匀分布，试求圆的周长 L 和圆的面积 A 的数学期望和方差.

6. 设随机变量 X 在 $(0,1)$ 上服从均匀分布，随机变量 Y 在 $(1,3)$ 上服从均匀分布，且 X 与 Y 相互独立，求 $E(XY)$ 及 $D(XY)$.

7. 对某一目标进行射击，直到击中为止，如果每次击中目标的概率为 p.
求：(1) 射击次数的概率分布律；(2) 射击次数的期望与方差.

8. 设随机变量(X,Y)的联合概率密度为
$$f(x,y)=\begin{cases}1, & |y|<x, 0<x<1,\\ 0, & \text{其他}.\end{cases}$$
求 $E(X), E(Y), \text{Cov}(X,Y)$.

9. 设随机变量(X,Y)服从区域 $D=\{(x,y)|0<x<1, 0<y<x\}$ 上的均匀分布. 求 $\text{Cov}(X,Y), \rho_{XY}$.

10. 设(X,Y)的联合概率密度为
$$f(x,y)=\begin{cases}\dfrac{x+y}{8}, & 0\leqslant x\leqslant 2, 0\leqslant y\leqslant 2,\\ 0, & \text{其他}.\end{cases}$$
求 $E(X), D(X), E(Y), D(Y), \text{Cov}(X,Y), \rho_{XY}$.

重点与难点分析

一、重点解析

1. 随机变量的数字特征是由随机变量的分布决定的,它是能描述随机变量的某一方面的特征的常数.

2. 随机变量 X 的数学期望 $E(X)$ 是反映它的平均取值的一个很有代表性的指标,但要注意对离散型随机变量,$E(X)$ 并不一定是 X 最可能出现的取值.

3. 在计算随机变量 X 的函数 $h(X)$ 的数学期望 $E[h(X)]$ 时,不必求出 $h(X)$ 的分布,只需直接用 X 的分布即可.

4. 随机变量 X 的方差的意义在于描述随机变量稳定与波动、集中与分散的状况,标准差则体现随机变量取值与其期望值的偏差. 标准差是方差的算术平方根,在量纲上它与数学期望一致. 在实际问题中,当两个随机变量的期望相等或比较接近时,常通过比较它们的方差来比较这两个随机变量. 方差大的变量,取值较分散;反之,则较集中.

5. 相关系数是反映两个随机变量线性相关程度的指标,当其绝对值愈接近 1 时,反映它们间的线性相关程度愈强;否则,愈接近 0 时,它们的线性相关程度愈弱.

6. 随机变量 X 与 Y 不相关的等价表示:
$$\rho_{XY}=0 \Leftrightarrow \mathrm{Cov}(X,Y)=0 \Leftrightarrow E(XY)=E(X) \cdot E(Y) \Leftrightarrow D(X \pm Y)=D(X)+D(Y).$$

7. 独立与不相关的关系:独立则一定不相关,反之不一定. 但对于正态分布而言,独立与不相关是等价的.

二、综合例题

例 1 一道选择题列出了 n 个答案,其中只有一个是正确的,如果考生选出正确答案则得 a 分,问如果考生选错了答案,应当扣几分合理?

解 从概率角度看,如果考生不知道正确答案而随机地乱猜一个,可能碰对正确答案,因而意外地得了 a 分;也可能碰错了答案,因而得 $-x(x>0)$ 分. 既然考生不知道正确答案,那么他的平均得分应当为 0.

设 X 表示考生的得分,由题意知 X 的分布律为
$$P\{X=a\}=\frac{1}{n},\ P\{X=-x\}=\frac{n-1}{n},$$
于是
$$E(X)=\frac{a}{n}+(-x) \cdot \frac{n-1}{n},$$
令 $E(X)=0$,解得 $x=\frac{a}{n-1}$,即当考生选错答案时应当扣 $\frac{a}{n-1}$ 分.

例 2 过单位圆圆周上的一点 P 任作圆的弦 PA,PA 与直径 PB 的夹角 θ 服从均匀分布 $U\left(-\frac{\pi}{2},\frac{\pi}{2}\right)$,试求弦 PA 的长 Y 的数学期望.

解 已知 θ 有密度函数

$$p(\theta) = \begin{cases} \dfrac{1}{\pi}, & -\dfrac{\pi}{2} < \theta < \dfrac{\pi}{2}, \\ 0, & \text{其他}, \end{cases}$$

而 $Y = 2\cos\theta$, 故 $E(Y) = E(2\cos\theta) = \int_{-\frac{\pi}{2}}^{\frac{\pi}{2}} 2\cos\theta \dfrac{1}{\pi} \mathrm{d}\theta = \dfrac{4}{\pi} \int_0^{\frac{\pi}{2}} \cos\theta \mathrm{d}\theta = \dfrac{4}{\pi}$.

当然也可以先求出 Y 的分布密度函数, 再求 Y 的数学期望.

例3 设随机向量 (X, Y) 的联合概率密度为

$$p(x, y) = \begin{cases} 4xy \mathrm{e}^{-(x^2+y^2)}, & x > 0, y > 0, \\ 0, & \text{其他}. \end{cases}$$

试求 $E(\sqrt{X^2 + Y^2})$.

解
$$\begin{aligned}
E(\sqrt{X^2 + Y^2}) &= \iint_{\substack{x>0, \\ y>0}} \sqrt{x^2 + y^2} \times 4xy \mathrm{e}^{-(x^2+y^2)} \mathrm{d}x\mathrm{d}y \\
&= \int_0^{\frac{\pi}{2}} \int_0^{+\infty} r \times 4r^2 \cos\theta \sin\theta \cdot \mathrm{e}^{-r^2} \cdot r \mathrm{d}r \mathrm{d}\theta \\
&= \left(\int_0^{\frac{\pi}{2}} 4\sin\theta\cos\theta \mathrm{d}\theta\right)\left(\int_0^{+\infty} r^4 \mathrm{e}^{-r^2} \mathrm{d}r\right) = \dfrac{3}{4}\sqrt{\pi},
\end{aligned}$$

这是因为

$$\int_0^{\frac{\pi}{2}} 4\sin\theta\cos\theta \mathrm{d}\theta = \int_0^{\frac{\pi}{2}} \sin 2\theta \mathrm{d}(2\theta) = \int_0^{\pi} \sin t \mathrm{d}t = (-\cos t)\Big|_0^{\pi} = (-\cos\pi) + \cos 0 = 2,$$

$$\begin{aligned}
\int_0^{+\infty} r^4 \mathrm{e}^{-r^2} \mathrm{d}r &= \int_0^{+\infty} \left(-\dfrac{1}{2}r^3\right) \mathrm{d}(\mathrm{e}^{-r^2}) = \left(-\dfrac{1}{2}r^3 \mathrm{e}^{-r^2}\right)\Big|_0^{+\infty} + \dfrac{1}{2}\int_0^{+\infty} 3r^2 \mathrm{e}^{-r^2} \mathrm{d}r \\
&= \dfrac{3}{2} \int_0^{+\infty} \dfrac{\sqrt{2\pi}\left(\dfrac{1}{2}\right)^{\frac{1}{2}} r^2}{\sqrt{2\pi}\left(\dfrac{1}{2}\right)^{\frac{1}{2}}} \mathrm{e}^{-\frac{r^2}{2\times\frac{1}{2}}} \mathrm{d}r = \dfrac{3}{2} \times \sqrt{\pi} \int_0^{+\infty} \dfrac{r^2}{\sqrt{2\pi}\sqrt{\dfrac{1}{2}}} \mathrm{e}^{-\frac{r^2}{2\times\frac{1}{2}}} \mathrm{d}r \\
&= \dfrac{3}{4} \times \sqrt{\pi} \int_{-\infty}^{+\infty} \dfrac{r^2}{\sqrt{2\pi}\times\sqrt{\dfrac{1}{2}}} \mathrm{e}^{-\frac{r^2}{2\times\frac{1}{2}}} \mathrm{d}r = \dfrac{3}{4} \times \sqrt{\pi} \times \dfrac{1}{2}.
\end{aligned}$$

例4 设随机变量 X, Y 独立, 且 $X \sim N(1, 1), Y \sim N(-2, 1)$. 试求:

(1) $Z = 2X + Y$ 的概率密度函数; (2) $P(|2X + Y| < \sqrt{5})$; (3) $D(|2X + Y|)$.

解 $Z = 2X + Y$ 是独立正态随机变量线性组合, 故仍服从正态分布.
$E(Z) = 2E(X) + E(Y), D(Z) = 4D(X) + D(Y) = 5$, 所以 $Z = 2X + Y \sim N(0, 5)$.

(1) $f_Z(z) = \dfrac{1}{\sqrt{10\pi}} \mathrm{e}^{\frac{z^2}{10}}, -\infty < z < +\infty$.

(2) $P(|Z| < \sqrt{5}) = P\left(\left|\dfrac{Z}{\sqrt{5}}\right| < 1\right)$

$\qquad\qquad = 2\Phi(1) - 1 = 2 \times 0.8413 - 1 = 0.6826.$

(3) $D(|Z|) = E(|Z|^2) - [E(|Z|)]^2 = E(Z^2) - [E(|Z|)]^2$,

因为 $E(Z^2) = D(Z) = 5$, 故

$$E(|Z|)=\frac{1}{\sqrt{10\pi}}\int_{-\infty}^{+\infty}e^{-\frac{z^2}{10}}|z|dz=\frac{2}{\sqrt{10\pi}}\int_{0}^{+\infty}ze^{-\frac{z^2}{10}}dz=\sqrt{\frac{10}{\pi}},$$

所以 $D(|2X+Y|)=5-\dfrac{10}{\pi}$.

例 5 设二维随机变量 (X,Y) 的联合分布律如下表所示：

X \ Y	-1	0	1	$p_i._$
0	0.1	0.1	0.1	0.3
1	0.3	0.1	0.3	0.7
$p_{\cdot j}$	0.4	0.2	0.4	1

(1) 判断随机变量 X 与 Y 的独立性；(2) 计算 X 与 Y 的协方差；(3) 计算 $D(X+Y)$.

解 (1) 对各行、各列分别求和，得到关于 X 和 Y 的边缘分布律，见上表的最后一列和最后一行.

$P\{X=0,Y=-1\}=0.1$，而 $P\{X=0\}P\{Y=-1\}=0.12$，所以 $P\{X=0,Y=-1\}\neq P\{X=0\}P\{Y=1\}$，故 X 与 Y 不独立.

(2) 先计算 $E(X),E(Y),E(XY)$.

$E(X)=0.7, E(Y)=(-1)\times0.4+1\times0.4=0$,

$$E(XY)=\sum_{i=1}^{2}\sum_{j=1}^{3}x_iy_jp_{ij}=1\times(-1)\times0.3+1\times1\times0.3=0,$$

因此，$\mathrm{Cov}(X,Y)=E(X,Y)-E(X)E(Y)=0$.

(3) **方法一** 由 $\mathrm{Cov}(X,Y)=0$ 知

$$D(X+Y)=D(X)+D(Y)=E(X^2)-[E(X)]^2+E(Y^2)-[E(Y)]^2$$
$$=0.7-0.7^2+0.8=1.01.$$

方法二 应用公式.

$D(X+Y)=D(X)+2\mathrm{Cov}(X,Y)+D(Y)=0.7-0.7^2+0.8+0=1.01$.

方法三 先求出 $X+Y$ 的分布律，再计算 $D(X+Y)$.

$X+Y$	-1	0	1	2
p_i	0.1	0.4	0.2	0.3

$E(X+Y)=E(X)+E(Y)=0.7$,

$E(X+Y)^2=(-1)^2\times0.1+1^2\times0.2+2^2\times0.3=1.5$,

$D(X+Y)=1.5-0.7^2=1.01$.

综 合 题

一、填空题

1. 设随机变量 X 服从参数为 1 的指数分布,则数学期望 $E(X+e^{-2X})=$ _____.

2. 设随机变量 X 的均值、方差都存在,且 $D(X)\neq 0$,设 $Y=\dfrac{X-E(X)}{\sqrt{D(X)}}$,则 $E(Y)=$ _____,$D(Y)=$ _____.

二、选择题

1. 设 $P\{X=k\}=\dfrac{1}{2k(k+1)}(k=1,2,\cdots)$,则 $E(X)=$ （　　）

   A. 0　　　　　B. 1　　　　　C. 0.5　　　　　D. 不存在

2. 设随机变量 X 与 X^2 的期望都存在,则一定有 （　　）

   A. $E(X^2)\geqslant E(X)$　　　　　B. $E(X^2)\geqslant [E(X)]^2$

   C. $E(X)^2\leqslant E(X)$　　　　　D. $E(X^2)\leqslant [E(X)]^2$

三、计算题

1. 设 (X,Y) 的联合分布律为

X\Y	1	2
1	0	$\dfrac{1}{3}$
2	$\dfrac{1}{3}$	$\dfrac{1}{3}$

试求 $E(X),E(Y),E(XY),D(X),D(Y)$.

2. 设两个随机变量 X 与 Y 相互独立,且都服从均值为 0、方差为 $\dfrac{1}{2}$ 的正态分布,求随机变量 $|X-Y|$ 的方差.

3. 在相同的条件下,对某电源的电压独立地进行了 n 次测量,记第 i 次测量的结果为 X_i,又设所有 X_i 都服从正态分布 $N(\mu,\sigma^2)$,试计算 n 次测量结果的平均电压 $\frac{1}{n}\sum_{i=1}^{n}X_i$ 的数学期望和方差.

4. 已知二维随机变量 (X,Y) 的联合密度为
$$f(x,y)=\begin{cases}x\mathrm{e}^{-(x+y)}, & x>0,y>0,\\ 0, & \text{其他}.\end{cases}$$
试判断 X 与 Y 的线性相关性与独立性.

5. 设区域 D 是由 x 轴、y 轴及直线 $x+\frac{y}{2}=1$ 所围成的三角形区域,随机向量 (ξ,η) 服从 D 上的均匀分布.
(1) 试求 ξ,η 及 $\xi\eta$ 的数学期望及方差;(2) 判断 ξ,η 的相关性与独立性.

6. 对于任意两事件 A 和 B，$0<P(A)<1,0<P(B)<1$，称
$$\rho = \frac{P(AB)-P(A)P(B)}{\sqrt{P(A)P(B)P(\overline{A})P(\overline{B})}}$$
为事件 A 和 B 的相关系数．
(1) 证明：事件 A 和 B 独立的充分必要条件是其相关系数等于零；
(2) 利用随机变量相关系数的基本性质证明：$|\rho|\leqslant 1$.

7. 假设二维随机变量 (X,Y) 在矩形区域 $G=\{(x,y)|0\leqslant x\leqslant 2,0\leqslant y\leqslant 1\}$ 上服从均匀分布，记
$$U=\begin{cases}0, & X\leqslant Y,\\ 1, & X>Y;\end{cases} \qquad V=\begin{cases}0, & X\leqslant 2Y,\\ 1, & X>2Y.\end{cases}$$
求：(1) U 和 V 的联合分布； (2) U 和 V 的相关系数 ρ.

参考答案

基础题

1. 甲车床要优于乙车床. 2. $a=12, b=-12, c=3$. 3. $E(X)=\frac{11}{8}, E(3X-2)=\frac{17}{8}, E(X^2)=\frac{31}{8}, E[(1-X)^2]=\frac{17}{8}$. 4. (1) 3. (2) $\frac{1}{2}$. 5. (1) $E(X)=2, E(Y)=0$. (2) $E(Z)=-0.0667$. 6. 1. 7. 2. 8. 略. 9. $D(X+Y)=85, D(X-Y)=37$. 10. 略. 11. 提示：$\rho_{XY}=0$, X 与 Y 不相关. 12. 略. 13. $\frac{k!}{\lambda^k}, \frac{2}{\lambda^3}$.

提高题

1. X 的分布律为

X	1	2	3	4
p_k	$\frac{37}{64}$	$\frac{19}{64}$	$\frac{7}{64}$	$\frac{1}{64}$

$E(X)=1\times\frac{37}{64}+2\times\frac{19}{64}+3\times\frac{7}{64}+4\times\frac{1}{64}=\frac{25}{16}$.

2. $E(X)=\frac{4}{5}, E(Y)=\frac{2}{5}, E(XY)=\frac{1}{2}, E(X^2+Y^2)=\frac{16}{15}$. 3. $E(X)=0, D(X)=\frac{\pi^2}{12}-\frac{1}{2}$. 4. (1) $A=\frac{1}{\sigma^2}$. (2) $E(X)=\frac{\sqrt{2\pi}}{2}\sigma, D(X)=\frac{4-\pi}{2}\sigma^2$. (3) $\frac{P\{X<E(X)\}}{P\{X>E(X)\}}=e^{\frac{\pi}{4}-1}$. 5. $E(L)=\frac{\pi(a+b)}{2}, D(L)=\frac{\pi^2(b-a)^2}{12}$; $E(A)=\frac{\pi}{12}(a^2+ab+b^2), D(A)=\frac{\pi^2}{720}(b-a)^2(4a^2+7ab+4b^2)$. 6. $E(XY)=1, D(XY)=\frac{4}{9}$.

7. (1) $P\{X=k\}=(1-p)^{k-1}p=pq^{k-1}, k=1,2,3,\cdots$, 其中 $q=1-p$. (2) $E(X)=\frac{1}{p}, D(X)=\frac{1-p}{p^2}$.

8. $E(X)=\frac{2}{3}, E(Y)=0, \mathrm{Cov}(X,Y)=0$. 9. $\mathrm{Cov}(X,Y)=\frac{1}{36}, \rho_{XY}=\frac{1}{2}$. 10. $E(X)=\frac{7}{6}, D(X)=\frac{11}{36}$, $E(Y)=\frac{7}{6}, D(Y)=\frac{11}{36}, \mathrm{Cov}(X,Y)=-\frac{1}{36}, \rho_{XY}=-\frac{1}{11}$.

综合题

一、1. $\frac{4}{3}$. 2. $0;1$.

二、1. D. 2. B.

三、1. $E(X)=E(Y)=\frac{5}{3}, E(XY)=\frac{8}{3}, D(X)=\frac{2}{9}, D(Y)=\frac{2}{9}$.

2. $D(|X-Y|)=1-\frac{2}{\pi}$.

3. $D\left(\frac{1}{n}\sum_{i=1}^{n}X_i\right)=\frac{1}{n^2}\sum_{i=1}^{n}D(X_i)=\frac{1}{n^2}\sum_{i=1}^{n}\sigma^2=\frac{\sigma^2}{n}$.

4. X, Y 相互独立、线性不相关.

5. 三角形区域 D 的面积是 1, 所以二维随机向量 (ξ,η) 的联合概率密度是 $f(x,y)=\begin{cases}1, & (x,y)\in D, \\ 0, & 其他;\end{cases}$ 边缘密度是

$$f_\xi(x) = \int_{-\infty}^{+\infty} f(x,y)\mathrm{d}y = \begin{cases} 2-2x, & 0<x<1, \\ 0, & \text{其他}, \end{cases} \quad f_\eta(y) = \int_{-\infty}^{+\infty} f(x,y)\mathrm{d}x = \begin{cases} 1-\dfrac{y}{2}, & 0<y<2, \\ 0, & \text{其他}. \end{cases}$$

(1) 数学期望及方差分别是 $E(\xi) = \int_0^1 x(2-2x)\mathrm{d}x = \left(x^2 - \dfrac{2}{3}x^3\right)\Big|_0^1 = \dfrac{1}{3}$,$E(\xi^2) = \int_0^1 x^2(2-2x)\mathrm{d}x = \left(\dfrac{2}{3}x^3 - \dfrac{1}{2}x^4\right)\Big|_0^1 = \dfrac{1}{6}$,$E(\xi\eta) = \iint\limits_D xy\mathrm{d}(xy) = \int_0^1 x\left(\int_0^{2-2x} y\mathrm{d}y\right)\mathrm{d}x = \int_0^1 x \times \dfrac{1}{2}(2-2x)^2 \mathrm{d}x = \dfrac{1}{6}$,$D(\xi) = E(\xi^2) - E^2(\xi) = \dfrac{1}{6} - \left(\dfrac{1}{3}\right)^2 = \dfrac{1}{18}$,$E(\eta) = \int_0^2 y\left(1 - \dfrac{1}{2}y\right)\mathrm{d}y = \left(\dfrac{1}{2}y^2 - \dfrac{1}{6}y^3\right)\Big|_0^2 = \dfrac{2}{3}$,$E(\eta^2) = \int_0^2 y^2\left(1 - \dfrac{1}{2}y\right)\mathrm{d}y = \left(\dfrac{1}{3}y^3 - \dfrac{1}{8}y^4\right)\Big|_0^2 = \dfrac{2}{3}$,$D(\eta) = E(\eta^2) - E^2(\eta) = \dfrac{2}{3} - \left(\dfrac{2}{3}\right)^2 = \dfrac{2}{9}$,$E[(\xi\eta)^2] = E(\xi^2\eta^2) = \iint\limits_D x^2 y^2 \mathrm{d}x\mathrm{d}y = \int_0^1 x^2 \mathrm{d}x \int_0^{2-2x} y^2 \mathrm{d}y = \int_0^1 x^2 \left(\dfrac{1}{3}y^3\right)\Big|_0^{2-2x} \mathrm{d}x = \dfrac{8}{3}\int_0^1 (x^2 - 3x^3 + 3x^4 - x^5)\mathrm{d}x = \dfrac{8}{3}\left(\dfrac{1}{3}x^3 - \dfrac{3}{4}x^4 + \dfrac{3}{5}x^5 - \dfrac{1}{6}x^6\right)\Big|_0^1 = \dfrac{8}{180}$,$D(\xi\eta) = E[(\xi\eta)^2] - E^2(\xi\eta) = \dfrac{8}{180} - \left(\dfrac{1}{6}\right)^2 = \dfrac{1}{60}$. (2) 因为 $f(x,y) \neq f_\xi(x,y)f_\eta(x,y)$,故两者不独立;因为 $\mathrm{Cov}(\xi,\eta) = E(\xi\eta) - E(\xi)E(\eta) \neq 0$,故两者不相关.

6. (1) 由 ρ 的定义,可知 $\rho = 0$ 当且仅当 $P(AB) = P(A)P(B)$,这恰好是两事件 A 和 B 独立的定义,即 $\rho = 0$ 是 A 和 B 独立的充分必要条件. (2) 考虑随机变量 X 和 Y.设 X 和 Y 分别表示一次试验中 A 和 B 出现的次数,则由条件知 X 和 Y 都服从 0-1 分布:$X \sim \begin{pmatrix} 0 & 1 \\ P(\bar{A}) & P(A) \end{pmatrix}$,$Y \sim \begin{pmatrix} 0 & 1 \\ P(\bar{B}) & P(B) \end{pmatrix}$. 易见 $E(X) = P(A)$,$E(Y) = P(B)$,$D(X) = P(A)P(\bar{A})$,$D(Y) = P(B)P(\bar{B})$,$\mathrm{Cov}(X,Y) = E(XY) - E(X)E(Y) = P(AB) - P(A)P(B)$. 因此,事件 A 和 B 的相关系数就是随机变量 X 和 Y 的相关系数.于是由二维随机变量相关系数的基本性质,可知 $|\rho| \leqslant 1$.

7. 显然,U 和 V 均为离散型随机变量,因而 (U,V) 也为二维离散型随机变量,有四个可能值:$(0,0),(0,1),(1,0),(1,1)$.为求出取这些可能值的概率,先求得 $f(x,y) = \begin{cases} \dfrac{1}{2}, & (x,y) \in G, \\ 0, & (x,y) \notin G. \end{cases}$ $P\{X \leqslant Y\} = \iint\limits_{x \leqslant y} f(x,y)\mathrm{d}x\mathrm{d}y = \dfrac{1}{2}\iint\limits_{x \leqslant y} \mathrm{d}x\mathrm{d}y = \dfrac{1}{2} \times \dfrac{1}{2} = \dfrac{1}{4}$,$P\{X > 2Y\} = \iint\limits_{x>2y} f(x,y)\mathrm{d}x\mathrm{d}y = \dfrac{1}{2}\iint\limits_{x>2y} \mathrm{d}x\mathrm{d}y = \dfrac{1}{2} \times \left(\dfrac{1}{2} \times 2 \times 1\right) = \dfrac{1}{2}$,$P\{Y < X \leqslant 2Y\} = \iint\limits_{y<x\leqslant 2y} f(x,y)\mathrm{d}x\mathrm{d}y = \dfrac{1}{2}\iint\limits_{y<x\leqslant 2y}\mathrm{d}x\mathrm{d}y = \dfrac{1}{2} \times \left(2 - \dfrac{1}{2} - 1\right) = \dfrac{1}{4}$,则 $P\{U=0,V=0\} = P\{X \leqslant Y, X \leqslant 2Y\} = P\{X \leqslant Y\} = \dfrac{1}{4}$,$P\{U=0,V=1\} = P\{X \leqslant Y, X > 2Y\} = P\{\varnothing\} = 0$,$P\{U=1,V=0\} = P\{X > Y, X \leqslant 2Y\} = P\{Y < X \leqslant 2Y\} = \dfrac{1}{4}$,$P\{U=1,V=1\} = P\{X > Y, X > 2Y\} = P\{X > 2Y\} = \dfrac{1}{2}$. 于是得到 (U,V) 的联合分布律为

V \ U	0	1
0	$\dfrac{1}{4}$	$\dfrac{1}{4}$
1	0	$\dfrac{1}{2}$

（2）下求相关系数 ρ. 先求出 U, V 及 UV 的分布律：

p_{ij}	$\frac{1}{4}$	0	$\frac{1}{4}$	$\frac{1}{2}$
(U,V)	$(0,0)$	$(0,1)$	$(1,0)$	$(1,1)$
U	0	0	1	1
p_{ij}	$\frac{1}{4}$	0	$\frac{1}{4}$	$\frac{1}{2}$
U^2	0	0	1	1
V	0	1	0	1
V^2	0	1	0	1
UV	0	0	0	1

U	0	1
p	$\frac{1}{4}$	$\frac{3}{4}$

V	0	1
p	$\frac{1}{2}$	$\frac{1}{2}$

UV	0	1
p	$\frac{1}{2}$	$\frac{1}{2}$

U^2	0	1
p	$\frac{1}{4}$	$\frac{3}{4}$

V^2	0	1
p	$\frac{1}{2}$	$\frac{1}{2}$

于是 $E(U) = \frac{3}{4}, E(V) = \frac{1}{2}, E(UV) = \frac{1}{2}, E(U^2) = \frac{3}{4}, E(V^2) = \frac{1}{2}$. 因而 $D(U) = E(U^2) - [E(U)]^2 = \frac{3}{4} - \frac{9}{16} = \frac{3}{16}, D(V) = E(V^2) - [E(V)]^2 = \frac{1}{2} - \frac{1}{4} = \frac{1}{4}$, $\mathrm{Cov}(U,V) = E(UV) - E(U)E(V) = \frac{1}{8}$, $\rho = \frac{\mathrm{Cov}(U,V)}{\sqrt{D(U)D(V)}} = \frac{\frac{1}{8}}{\frac{\sqrt{3}}{8}} = \frac{1}{\sqrt{3}}$.

第5章 大数定律与中心极限定理

基 础 题

1. 设随机变量 X 服从参数为 $\frac{1}{2}$ 的指数分布,利用切比雪夫不等式,估计 $P\{|X-E(X)|>3\}$ 的值.

2. 每次试验事件 A 发生的概率是 $\frac{1}{2}$,是否可以判定以概率大于 0.97 确定在 1000 次独立试验中事件 A 发生的次数在 400~600?

3. 用某种步枪进行射击飞机的试验,每次射击的命中率为 0.5%,问需要多少支这种步枪同时射击,才能使飞机被击中 2 弹的概率不小于 99%?

4. 某车间有 100 台车床独立地工作,每台车床开工率为 0.7,每台车床在每个工作日内耗电 1 kW·h.

(1) 试求正常工作的车床台数在 65~75 的概率;

(2) 试问供电所至少要为该车间提供多少的电力,才能以 99.7% 的概率保证不因供电不足而影响生产?

5. 某药厂断言,该厂生产的某种药品对于医治一种疑难的血液病的治愈率为 0.8. 医院检验员任意抽查 100 个服用此药品的人,如果其中有多于 75 人治愈,就接受这一断言,否则就拒绝这一断言.

(1) 若实际上此药品对这种疾病的治愈率是 0.8,问接受这一断言的概率是多少?

(2) 若实际上此药品对这种疾病的治愈率为 0.7,问接受这一断言的概率是多少?

6. 卡车装运水泥,设每袋水泥的重量 X(单位：kg)服从正态分布 $N(50, 2.5^2)$,问最多装多少袋水泥,才能使总重量超过 2000 kg 的概率不大于 0.05?

7. 有一批建筑房屋用的木柱,其中有 80% 的长度不小于 3 m,现从这批木柱中随机地取出 100 根,问其中至少有 30 根短于 3 m 的概率是多少?

提 高 题

1. 有一颗骰子,连续掷 4 次,点数总和记为 ξ,估计 $P\{10<\xi<18\}$.

2. 设随机变量 X 的数学期望为 $E(X)=\mu$,方差为 $D(X)=\sigma^2$.
   (1) 试利用切比雪夫不等式,估计 $P\{|X-\mu|>3\sigma\}$;
   (2) 如果 $X\sim N(\mu,\sigma^2)$,试将这个估计值和直接计算所得结果进行比较.(已知 $\Phi(3)=0.9987$)

3. 假定计算机在进行加法运算时对每个加数取整数(取最为接近于它的整数).设所有的取整误差是相互独立的,且它们都在 $[-0.5,0.5]$ 上服从均匀分布.
   (1) 若将 1500 个数相加,问误差总和的绝对值超过 15 的概率是多少?
   (2) 问最多几个数加在一起可使得误差总和的绝对值小于 10 的概率不小于 95%?(已知 $\Phi(1.34)=0.9099,\Phi(1.645)=0.9505$)

4. 假设 $X_1,X_2,\cdots,X_n$ 是来自总体 X 的简单随机样本.已知 $E(X^k)=\alpha_k(k=1,2,3,4)$,证明:当 n 充分大时,随机变量 $Z_n=\dfrac{1}{n}\sum_{i=1}^{n}X_i^2$ 近似服从正态分布,并指出其分布参数.

重点与难点分析

一、重点解析

1. 了解切比雪夫不等式的两种表达式的概率意义及其在概率估计方面的应用.

2. 了解切比雪夫大数定律、伯努利大数定律及辛钦大数定律. 对于大数定律的概率意义以及对数理统计某些法则的奠基作用方面只要求有所了解.

3. 了解棣莫弗-拉普拉斯中心极限定理(二项分布以正态分布为极限分布)和林德伯格-列维定理(独立同分布的中心极限定理). 要求在了解定理实际背景的基础上, 对照定理条件, 运用定理结论, 较熟练地完成若干同分布随机变量的独立和(频数)落入指定区间内的概率计算.

二、综合例题

例 1 如果 $X_1, X_2, \cdots, X_n$ 是 n 个相互独立且同分布的随机变量, $E(X_i) = \mu, D(X_i) = 8, i = 1, 2, \cdots, n$. 对于 $\overline{X} = \dfrac{\sum_{i=1}^{n} X_i}{n}$, 写出它们满足的切比雪夫不等式, 并估计 $P\{|\overline{X} - \mu| < 4\}$.

解 因 $X_1, X_2, \cdots, X_n$ 相互独立, 故

$$D(\overline{X}) = D\left(\frac{\sum_{i=1}^{n} X_i}{n}\right) = \frac{1}{n^2}\left[\sum_{i=1}^{n} D(X_i)\right] = \frac{8n}{n^2} = \frac{8}{n},$$

又 $E(\overline{X}) = E\left(\dfrac{\sum_{i=1}^{n} X_i}{n}\right) = \dfrac{n\mu}{n} = \mu$, 故所满足的切比雪夫不等式为

$$P\{|\overline{X} - E(\overline{X})| < \varepsilon\} \geq 1 - \frac{D(\overline{X})}{\varepsilon^2} = 1 - \frac{8}{n\varepsilon^2}$$

或

$$P\{|\overline{X} - E(\overline{X})| \geq \varepsilon\} \leq \frac{D(\overline{X})}{\varepsilon^2} = \frac{8}{n\varepsilon^2}.$$

为估计 $P\{|\overline{X} - \mu| < 4\}$, 只需将 $\varepsilon = 4$ 代入上式, 即得

$$P\{|\overline{X} - \mu| < 4\} \geq 1 - \frac{1}{2n}.$$

注: 利用切比雪夫不等式估算随机事件的概率时, 先按题意确定随机变量的期望和方差, 再将 $P\{a < X < b\}$ 化为 $P\{|X - E(X)| < \varepsilon\}$, 运用切比雪夫不等式做出估计.

例 2 设一批产品的废品率为 0.01, 从中任取 500 件, 试求其中废品数不超过 5 件的概率(用三种方法计算).

解 方法一 用二项分布计算.

设 X 为一批产品中的废品数, 则

$$P\{0 \leq X \leq 5\} = \sum_{k=0}^{5} C_{500}^{k} (0.01)^k (0.99)^{500-k}.$$

方法二 用泊松分布计算.

$\lambda = np = 500 \times 0.01 = 5$,由泊松定理,得

$$P\{X \leqslant 5\} \approx \sum_{k=0}^{5} \frac{5^k}{k!} e^{-5} = 0.616 (查表).$$

方法三 用正态分布计算.

令

$$X_k = \begin{cases} 1, & 第 k 个为废品, \\ 0, & 第 k 个为正品, \end{cases}$$

则

$$E(X_k) = 0.01, \quad D(X_k) = 0.01 \times 0.99 = 0.0099.$$

而 $X = \sum_{k=0}^{500} X_k$,故

$$E(X) = 500 \times 0.01, \quad D(X) = 500 \times 0.0099.$$

由棣莫佛-拉普拉斯中心极限定理,得

$$P\{0 \leqslant X \leqslant 5\} = P\left\{\frac{0-5}{\sqrt{4.95}} \leqslant \frac{X-5}{\sqrt{4.95}} \leqslant \frac{5-5}{\sqrt{4.95}}\right\}$$
$$= \Phi(0) - \Phi(-2.25) = 0.4878.$$

例3 某商店负责为某种产品给某地区 1000 人供应某种商品.这种商品在一段时间内每人需用 1 件的概率为 0.6,假定在这一段时间每人购买与否彼此无关,问商店应预备多少件这种商品,才能以 99.7% 的概率保证不会脱销?(假定该商品在某一段时间内每人最多可以买 1 件)

解 设

$$\xi_i = \begin{cases} 1, & 第 i 个顾客购买这种商品, \\ 0, & 第 i 个顾客不购买这种商品, \end{cases} \quad i = 1, 2, \cdots, 1000,$$

则 ξ 服从参数为 $p = 0.6$ 的两点分布,且 $E(\xi_i) = p = 0.6$.

又设购买这种商品的总数为 η_{1000},则

$$\eta_{1000} = \sum_{i=1}^{1000} \xi_i \sim B(1000, 0.6),$$

且 $np = 600, \sqrt{npq} = \sqrt{240}$.

设备有 m 件这种商品,要不脱销,需 $\eta_{1000} \leqslant m$.

$$P\{\eta_{1000} \leqslant m\} = \Phi\left(\frac{m - np}{\sqrt{npq}}\right) = \Phi\left(\frac{m - 600}{\sqrt{240}}\right) = 0.997.$$

因为 $\frac{m - 600}{\sqrt{240}} = 2.75$,所以 $m = 642.6$.

因此,商店应预备 643 件这种商品,才能以 99.7% 的概率保证不会脱销.

例4 设有 30 个电子器件 $D_1, D_2, \cdots, D_{30}$,它们的使用情况如下:D_1 损坏,D_2 立即使用;D_2 损坏,D_3 立即使用;等等.设器件 D_k 的使用寿命(单位:h)是服从参数为 $\lambda = 0.1$ 的指数分布的随机变量,记 T 为 30 个器件使用的总时间,问 T 超过 350 h 的概率是多少?(已知 $\Phi(0.91) = 0.819, \Phi(1.20) = 0.885, \Phi(1.28) = 0.9, \Phi(1.40) = 0.919$)

解 设 D_k 的使用寿命为随机变量 $T_k (k = 1, 2, \cdots, 30)$,已知 T_k 服从参数 $\lambda = 0.1$ 的指

数分布,故有
$$D(T_k)=\frac{1}{\lambda^2}=100,\ E(T)=\sum_{k=1}^{30}E(T_k)=300,\ D(T)=\sum_{k=1}^{30}D(T_k)=3000.$$

由独立同分布的中心极限定理,有
$$\begin{aligned}P\{T>350\}&=P\left\{\frac{T-30\times10}{\sqrt{30\times100}}>\frac{350-E(T)}{\sqrt{D(T)}}\right\}\\&=1-P\left\{\frac{T-30\times10}{\sqrt{D(T)}}\leqslant\frac{350-E(T)}{\sqrt{30\times10}}\right\}\\&=1-P\left\{\frac{T-E(T)}{\sqrt{D(T)}}\leqslant0.913\right\}\\&\approx1-0.8186=0.1814.\end{aligned}$$

注:例3、例4都是利用独立同分布的中心极限定理求解的常见题型.例3中把服从二项分布的随机变量表示成独立同分布的0-1分布的和,这是解题的常用技巧,而确定符合题意的最大或最小正整数问题更接近于应用实际,相对而言有一定的难度.

综 合 题

1. 设 $X_1, X_2, \cdots$ 为相互独立且同分布的随机变量序列，且 $X_i(i=1,2,\cdots)$ 服从参数为 2 的指数分布，则下列等式成立的是 ( )

   A. $\lim\limits_{n\to\infty} P\left\{\dfrac{\sum\limits_{i=1}^{n} X_i - n}{\sqrt{n}} \leqslant x\right\} = \Phi(x)$
   B. $\lim\limits_{n\to\infty} P\left\{\dfrac{2\sum\limits_{i=1}^{n} X_i - n}{\sqrt{n}} \leqslant x\right\} = \Phi(x)$

   C. $\lim\limits_{n\to\infty} P\left\{\dfrac{\sum\limits_{i=1}^{n} X_i - 2}{2\sqrt{n}} \leqslant x\right\} = \Phi(x)$
   D. $\lim\limits_{n\to\infty} P\left\{\dfrac{\sum\limits_{i=1}^{n} X_i - 2}{\sqrt{2n}} \leqslant x\right\} = \Phi(x)$

2. 设随机变量 X 和 Y 的数学期望分别为 -2 和 2，方差分别为 1 和 4，而相关系数为 -0.5，则根据切比雪夫不等式知 $P\{|X+Y|\geqslant 6\}\leqslant$ _____．

3. 设某种器件的使用寿命（单位：h）服从指数分布，其平均使用寿命为 20 h，具体使用时是当一器件损坏后立即更换另一个新器件，如此继续．已知每个器件的进价为 a 元，试求在年计划中应为此器件做多少元预算，才可以有 95% 的把握够用一年？（假定一年有 2000 个工作小时，已知 $\Phi(1.64)=0.95$）

4. 一加法器同时收到 20 个噪声电压 $V_k(k=1,2,\cdots,20)$，它们是相互独立的随机变量，且都服从区间 $(0,10)$ 上的均匀分布，求 $P\left\{\sum\limits_{k=1}^{20} V_k > 105\right\}$．

5. 检验员逐个地检查某种产品，每次花 10 s 检查一个，但也可能有的产品需要重复检查一次，即再用去 10 s．假定每个产品需要重复检查的概率为 $\dfrac{1}{2}$，求在 8 h 内检验员检查的产品多于 1900 个的概率．

参考答案

基础题

1. $\dfrac{4}{9}$.   2. 是.   3. 1791 支.   4. (1) 0.7242. (2) 至少供电 83kW·h.   5. (1) 0.8944. (2) 0.1379.

6. 39 袋.   7. 0.0062.

提高题

1. $P\{10 < \xi < 18\} = P\{10-14 < \xi-14 < 18-14\} = P\{|\xi - E(\xi)| < 4\} \geqslant 1 - \dfrac{D(\xi)}{4^2} = 0.271$.

2. (1) $P\{|X-\mu| > 3\sigma\} \leqslant \dfrac{1}{9} = 0.33$. (2) 当 $X \sim N(\mu, \sigma^2)$ 时,$P\{|X-\mu| > 3\sigma\} = 0.0026$. 切比雪夫不等式的优点是无须知道 X 的分布,只要知道其期望和方差就可估计 $P\{|X-E(X)| \geqslant \varepsilon\}$,因而适用性强,在一般性讨论中常用;其缺点是所给估计一般较粗糙,且只限于以均值 $E(X)$ 为中心的有限对称区间.

3. (1) 0.1802. (2) 443.

4. 由题意知,$X_1^2, X_2^2, \cdots, X_n^2$ 独立同分布且 $E(X_i^2) = \alpha_2, D(X_i^2) = \alpha_4 - \alpha_2^2$,则 $V_n = \dfrac{\sum\limits_{i=1}^{n} X_i^2 - n\alpha_2}{\sqrt{n(\alpha_4 - \alpha_2^2)}} =$

$\dfrac{\dfrac{1}{n}\sum\limits_{i=1}^{n} X_i^2 - \alpha_2}{\sqrt{\dfrac{\alpha_4 - \alpha_2^2}{n}}} = \dfrac{Z_n - \alpha_2}{\sqrt{\dfrac{\alpha_4 - \alpha_2^2}{n}}} \stackrel{\cdot}{\sim} N(0,1)$,故 $Z_n = \sqrt{\dfrac{\alpha_4 - \alpha_2^2}{n}} \cdot V_n + \alpha_2 \stackrel{\cdot}{\sim} N\left(\alpha_2, \dfrac{\alpha_4 - \alpha_2^2}{n}\right)$.

综合题

1. B.   2. $\dfrac{1}{12}$.

3. 设第 i 个器件的使用寿命为 X_i, $E(X_i) = 20 = \dfrac{1}{\lambda}$,故 $\lambda = \dfrac{1}{20}, D(X_i) = \dfrac{1}{\lambda^2} = 400$.

假定一年至少准备 n 件才能有 95% 的把握够用,记 $Y_n = \sum\limits_{i=1}^{n} X_i, P\{Y_n \geqslant 2000\} = 0.95$,则

$$0.05 = P\{Y_n < 2000\} = P\left\{\dfrac{Y_n - 20n}{\sqrt{n} \cdot 20} < \dfrac{2000 - 20n}{\sqrt{n} \cdot 20}\right\} \approx \Phi\left(\dfrac{2000 - 20n}{20\sqrt{n}}\right) \approx 0.95.$$

由题设可得方程 $\dfrac{n-100}{\sqrt{n}} = 1.64$,解得 $n \approx 118$. 因此,每年应为此器件至少做出 $118a$(元)的预算,才能有 95% 的把握保证够用一年.

4. $E\left(\sum\limits_{k=1}^{20} V_k\right) = 100, D\left(\sum\limits_{k=1}^{20} V_k\right) = \sum\limits_{k=1}^{20} D(V_k) = \dfrac{20 \times 100}{12}$,则由独立同分布的中心极限定理,知

$P\left\{\sum\limits_{k=1}^{20} V_k > 105\right\} = P\left\{\dfrac{\sum\limits_{k=1}^{20} V_k - 100}{\sqrt{20}\sqrt{\dfrac{100}{12}}} > \dfrac{105 - 100}{\sqrt{20}\sqrt{\dfrac{100}{12}}}\right\} = 1 - P\left\{\dfrac{\sum\limits_{k=1}^{20} V_k - 100}{\dfrac{10}{\sqrt{12}}\sqrt{20}} \leqslant 0.387\right\} \approx 1 - \Phi(0.387) =$

0.348.

5. 即求检查 1900 个产品所花的时间不超过 8h 的概率. 设 X_i 为检查第 i 个产品所需的时间,则 $X_1, X_2, \cdots,$ X_{1900} 为独立同分布的随机变量, $S = \sum\limits_{i=1}^{1900} X_i$ 为检查 1900 个产品所需的总时间,其中

$$X_i = \begin{cases} 20, & \text{第 } i \text{ 个产品需要重复检验,} \\ 10, & \text{第 } i \text{ 个产品没有重复检验,} \end{cases}$$

且 $P\{X_i = 10\} = P\{X_i = 20\} = \dfrac{1}{2}$.

于是 $S \sim N(50 \times 0.05, 50 \times 0.05) = N(2.5, 2.5)$,则

$$P\{S \leqslant 8 \times 3600\} \doteq \Phi\left(\dfrac{28800 - 28500}{\sqrt{47500}}\right) = \Phi\left(\dfrac{6}{\sqrt{19}}\right) = 0.9162.$$

第6章 数理统计的基本概念

基 础 题

1. 设 $(X_1, X_2, \cdots, X_n)$ 是来自总体 $X \sim B(1, p)$ 的一个样本,试写出 $(X_1, X_2, \cdots, X_n)$ 的联合分布律.

2. 设总体 X 服从 $(0, \theta)(\theta > 0)$ 上的均匀分布,$(X_1, X_2, \cdots, X_n)$ 是来自总体 X 的样本,试求 $(X_1, X_2, \cdots, X_n)$ 的联合概率密度,并计算 $E(\overline{X}), D(\overline{X})$,其中 $\overline{X} = \dfrac{1}{n}\sum\limits_{i=1}^{n} X_i$.

3. 在总体 $N(52, 6.3^2)$ 中随机抽一容量为 36 的样本,求样本均值 $\overline{X}$ 落在 50.8~53.8 的概率.

4. 设总体 $X \sim N(\mu,4)$,$(X_1,X_2,\cdots,X_n)$是来自总体的一个简单随机样本,要使 $E(|\overline{X}-\mu|^2) \leqslant 0.1$,则 n 应满足何种条件?

5. 设 $X_1,X_2,\cdots,X_{10}$ 相互独立,且 $X_i \sim N(0,0.3^2)(i=1,2,\cdots,10)$. 求 $P\left\{\sum_{i=1}^{10} X_i^2 > 1.44\right\}$.

6. 已知 $X \sim t(n)$,证明:$X^2 \sim F(1,n)$.

7. 查表写出 $F_{0.01}(10,9), F_{0.05}(10,9), F_{0.005}(10,9), F_{0.99}(28,2)$ 及 $F_{0.95}(28,2)$ 的值.

8. 设随机变量 $T \sim t(n)$.
(1) 求 $t_{0.99}(12), t_{0.01}(12)$； (2) 若 $n=10$，试求临界值 c，使 $P\{T>c\}=0.95$.

9. 设随机变量 X 和 Y 都服从标准正态分布，则下列各项正确的是 （　　）
A. $X+Y$ 服从正态分布
B. X^2+Y^2 服从 χ^2 分布
C. X^2 和 Y^2 都服从 χ^2 分布
D. $\dfrac{X^2}{Y^2}$ 服从 F 分布

10. 设 $X_1, X_2, \cdots, X_n$ 是来自正态总体 $N(\mu, \sigma^2)$ 的简单随机样本，$\overline{X}$ 是样本均值，记
$$S_1^2 = \frac{1}{n-1}\sum_{i=1}^{n}(X_i-\overline{X})^2, \quad S_2^2 = \frac{1}{n}\sum_{i=1}^{n}(X_i-\overline{X})^2,$$
$$S_3^2 = \frac{1}{n-1}\sum_{i=1}^{n}(X_i-\mu)^2, \quad S_4^2 = \frac{1}{n}\sum_{i=1}^{n}(X_i-\mu)^2,$$
则服从自由度为 $n-1$ 的 t 分布的随机变量是 （　　）
A. $t = \dfrac{\overline{X}-\mu}{S_1/\sqrt{n-1}}$
B. $t = \dfrac{\overline{X}-\mu}{S_2/\sqrt{n-1}}$
C. $t = \dfrac{\overline{X}-\mu}{S_3/\sqrt{n}}$
D. $t = \dfrac{\overline{X}-\mu}{S_4/\sqrt{n}}$

提 高 题

1. 设在总体 $N(\mu,\sigma^2)$ 中抽取一容量为 16 的样本,这里 μ,σ^2 均未知.

   求:(1) $P\left\{\dfrac{S^2}{\sigma^2} \leqslant 2.041\right\}$,其中 S^2 为样本方差; (2) $D(S^2)$.

2. 设总体 X,Y 相互独立,且都服从 $N(30,3^2)$;$X_1,X_2,\cdots,X_{20}$ 和 $Y_1,Y_2,\cdots,Y_{25}$ 是分别来自 X 和 Y 的样本,求 $P\{|\bar{X}-\bar{Y}|>0.4\}$.

3. 设 $X_1,X_2,\cdots,X_n,X_{n+1},\cdots,X_{n+m}$ 是来自总体 $N(0,\sigma^2)$ 的容量为 $n+m$ 的样本,则

   (1) 统计量 $Y_1 = \dfrac{1}{\sigma^2}\sum\limits_{i=1}^{n+m} X_i^2$ 服从_____分布;

   (2) 统计量 $Y_2 = \dfrac{m\sum\limits_{i=1}^{n} X_i^2}{n\sum\limits_{i=n+1}^{n+m} X_i^2}$ 服从_____分布;

   (3) 统计量 $Y_3 = \dfrac{\sqrt{m}\sum\limits_{i=1}^{n} X_i}{\sqrt{n\sum\limits_{i=n+1}^{n+m} X_i^2}}$ 服从_____分布.

4. 设总体 X 和 Y 相互独立，$X \sim N(0,4)$，$Y \sim N(0,9)$，$\bar{X} = \frac{1}{10}\sum_{i=1}^{10}X_i$，$\bar{Y} = \frac{1}{5}\sum_{i=1}^{15}Y_i$ 分别是来自总体 X 和 Y 的样本均值，求 $|\bar{X} - \bar{Y}|$ 的数学期望和方差.

5. 设 $X_1, X_2, \cdots, X_{16}$ 是来自正态总体 $N(0,1)$ 的样本，且有
$$Y = \left(\sum_{i=1}^{4}X_i\right)^2 + \left(\sum_{i=5}^{8}X_i\right)^2 + \left(\sum_{i=9}^{12}X_i\right)^2 + \left(\sum_{i=13}^{16}X_i\right)^2.$$
求常数 C，使得 CY 服从 χ^2 分布，并求 $E(CY)$ 及 $D(CY)$.

6. 已知 (X,Y) 的联合概率密度为
$$f(x,y) = \frac{1}{12\pi} e^{-\frac{1}{72}(9x^2 + 4y^2 - 8y + 4)},$$
问 $\dfrac{9X^2}{4(Y-1)^2}$ 服从何种分布？

7. 设 X_1, X_2, X_3, X_4 是来自正态总体 $N(0, \sigma^2)$ 的样本，问 $U = \dfrac{\sqrt{3} X_1}{\sqrt{X_2^2 + X_3^2 + X_4^2}}$ 服从何种分布？并求 $E(U)$ 及 $D(U)$.

8. 设 $(X_1, X_2, \cdots, X_n)$ 是来自正态总体 $N(0, 1)$ 的样本，试求统计量 $\dfrac{1}{m} \left(\sum\limits_{i=1}^{m} X_i \right)^2 + \dfrac{1}{n-m} \left(\sum\limits_{i=m+1}^{m} X_i \right)^2 \ (m < n)$ 的抽样分布.

9. 已知 $X \sim N(\mu, \sigma^2)$，从中随机抽取 $n = 14$ 的样本，试分别由以下条件求样本均值与总体均值之差的绝对值小于 1.5 的概率：

(1) $\sigma^2 = 25$；(2) σ^2 未知，但 $S^2 = 17.26$.

重点与难点分析

一、重点解析

1. 总体、样本、统计量是数理统计的基本概念. 注意总体和个体是相对的, 由研究的问题来确定. 统计量在数理统计中有着广泛的应用, 它是一个随机变量, 样本分布函数在实际应用中十分重要, 应牢牢掌握.

2. 样本均值及样本方差是两个常见的统计量, 注意样本均值、样本方差的定义与简化计算方法, 特别要注意样本均值与总体的数学期望、样本方差与总体方差的区别与联系, 样本均值的数学期望等于总体数学期望, 样本方差的数学期望等于总体方差.

3. 正态总体的抽样分布规律是本章的重点与难点, 特别是 χ^2 分布、t 分布和 F 分布, 都是数理统计中很常用的分布, 要注意它们的含义及自由度的确定, 会查三大分布表.

二、综合例题

例 1 从正态总体 $N(3.4, 6^2)$ 中抽取容量为 n 的样本, 如果要求其样本均值位于区间 $(1.4, 5.4)$ 内的概率不小于 0.95, 问样本容量 n 至少应取多大?

z	1.28	1.645	1.96	2.33
$\Phi(z)$	0.900	0.950	0.975	0.990

解 以 $\overline{X}$ 表示样本均值, 则 $\dfrac{\overline{X}-3.4}{6}\sqrt{n} \sim N(0,1)$, 从而有

$$P\{1.4 < \overline{X} < 5.4\} = P\{-2 < \overline{X} - 3.4 < 2\} = P\{|\overline{X} - 3.4| < 2\}$$
$$= P\left\{\frac{|\overline{X}-3.4|}{6}\sqrt{n} < \frac{2\sqrt{n}}{6}\right\} = 2\Phi\left\{\frac{\sqrt{n}}{3}\right\} - 1 \geq 0.95,$$

故 $\Phi\left(\dfrac{\sqrt{n}}{3} \geq 0.975\right)$, 由此得 $\dfrac{\sqrt{n}}{3} \geq 1.96$, 即 $n \geq (1.96 \times 3)^2 \approx 34.57$, 所以 n 至少应为 35.

例 2 设 $X_1, X_2, \cdots, X_n$ 是来自服从 $\chi^2(n)$ 分布的总体的样本, 求样本均值 $\overline{X}$ 的数学期望和方差.

解 $\because X_i \sim \chi^2(n), \therefore E(X_i) = n, D(X_i) = 2n, i = 1, 2, \cdots, n.$
由均值及方差的性质, 注意到 $X_1, X_2, \cdots, X_n$ 相互独立, 有

$$E(\overline{X}) = E\left(\frac{1}{n}\sum_{i=1}^{n}X_i\right) = \frac{1}{n}\sum_{i=1}^{n}E(X_i) = n,$$

$$D(\overline{X}) = D\left(\frac{1}{n}\sum_{i=1}^{n}X_i\right) = \frac{1}{n^2}\sum_{i=1}^{n}D(X_i) = \frac{1}{n^2} \cdot n \cdot 2n = 2.$$

例 3 设总体 X 服从正态分布 $N(\mu, \sigma^2)$, 由总体 X 得到容量为 $n+1$ 的样本 $X_1, X_2, \cdots, X_n, X_{n+1}$, 令 $\overline{X}_n = \dfrac{1}{n}\sum_{i=1}^{n}X_i, S_n^2 = \dfrac{1}{n}\sum_{i=1}^{n}(X_i - \overline{X}_n)^2.$

试证：统计量 $\dfrac{X_{n+1}-\overline{X}_n}{S_n}\sqrt{\dfrac{n-1}{n+1}}$ 服从自由度为 $n-1$ 的 t 分布.

证 $\overline{X}_n$ 服从正态分布 $N\left(\mu,\dfrac{\sigma^2}{n}\right)$, 并且 $\overline{X}_n$ 与 X_{n+1} 相互独立, 所以, $X_{n+1}-\overline{X}_n \sim N\left(0,\left(1+\dfrac{1}{n}\right)\sigma^2\right)$, 将其标准化, 有 $\dfrac{X_{n+1}-\overline{X}_n}{\sigma\sqrt{\dfrac{n+1}{n}}} \sim N(0,1)$.

另一方面, $\dfrac{nS_n^2}{\sigma^2} = \dfrac{n\times\dfrac{1}{n}\sum_{i=1}^{n}(X_i-\overline{X}_n)^2}{\sigma^2} = \dfrac{\sum_{i=1}^{n}(X_i-\overline{X}_n)^2}{\sigma^2}$ 服从自由度为 $n-1$ 的 χ^2 分布, 并且与 $\dfrac{X_{n+1}-\overline{X}_n}{\sigma\sqrt{\dfrac{n+1}{n}}}$ 相互独立, 所以, $\dfrac{\dfrac{X_{n+1}-\overline{X}_n}{\sigma\sqrt{\dfrac{n+1}{n}}}}{\sqrt{\dfrac{nS_n^2}{\sigma^2(n-1)}}} = \dfrac{X_{n+1}-\overline{X}}{S_n}\sqrt{\dfrac{n-1}{n+1}}$ 服从自由度为 $n-1$ 的 t 分布.

例 4 设总体 X 服从标准正态分布, 由 X 得到容量为 5 的样本 $X_1,X_2,\cdots,X_5$, 试求常数 C, 使统计量 $\dfrac{C(X_1+X_2)}{\sqrt{X_3^2+X_4^2+X_5^2}}$ 服从 t 分布, 并求其自由度.

解 因为 $X_1+X_2 \sim N(0,2)$, 所以 $\dfrac{X_1+X_2}{\sqrt{2}} \sim N(0,1)$, 又 $X_3^2+X_4^2+X_5^2 \sim \chi^2(3)$, 且与 $\dfrac{X_1+X_2}{\sqrt{2}}$ 相互独立, 所以

$$\dfrac{\dfrac{X_1+X_2}{\sqrt{2}}}{\sqrt{\dfrac{X_3^2+X_4^2+X_5^2}{3}}} = \sqrt{\dfrac{3}{2}}\times\dfrac{X_1+X_2}{\sqrt{X_3^2+X_4^2+X_5^2}} \sim t(3),$$

即取 $C=\sqrt{\dfrac{3}{2}}$, 可使 $\dfrac{C(X_1+X_2)}{\sqrt{X_3^2+X_4^2+X_5^2}}$ 服从 t 分布, 且自由度为 3.

例 5 设总体 X 服从正态分布 $N(\mu,\sigma^2)$, 由 X 得到容量 $n=8$ 的样本 $X_1,X_2,\cdots,X_8$, 试证：统计量 $\dfrac{(X_1-X_2)^2+(X_3-X_4)^2}{(X_5-X_6)^2+(X_7-X_8)^2}$ 服从 F 分布.

证 $X_i-X_{i+1} \sim N(0,2\sigma^2)(i=1,3,5,7)$, 将其标准化, 有

$$\dfrac{X_i-X_{i+1}}{\sqrt{2}\sigma} \sim N(0,1)(i=1,3,5,7),$$

并且它们都相互独立, 从而

$$\left(\dfrac{X_1-X_2}{\sqrt{2}\sigma}\right)^2+\left(\dfrac{X_3-X_4}{\sqrt{2}\sigma}\right)^2 = \dfrac{1}{2\sigma^2}[(X_1-X_2)^2+(X_3-X_4)^2] \sim \chi^2(2),$$

$$\left(\dfrac{X_5-X_6}{\sqrt{2}\sigma}\right)^2+\left(\dfrac{X_7-X_8}{\sqrt{2}\sigma}\right)^2 = \dfrac{1}{2\sigma^2}[(X_5-X_6)^2+(X_7-X_8)^2] \sim \chi^2(2),$$

而且它们也都相互独立, 所以,

$$\frac{(X_1-X_2)^2+(X_3-X_4)^2}{(X_5-X_6)^2+(X_7-X_8)^2}=\frac{\dfrac{\dfrac{1}{2\sigma}[(X_1-X_2)^2+(X_3-X_4)^2]}{2}}{\dfrac{\dfrac{1}{2\sigma}[(X_5-X_6)^2+(X_7-X_8)^2]}{2}},$$

即 $\dfrac{(X_1-X_2)^2+(X_3-X_4)^2}{(X_5-X_6)^2+(X_7-X_8)^2}$ 服从自由度为 $(2,2)$ 的 F 分布.

例 6 设总体 X 和 Y 相互独立,且都服从正态分布 $N(30,3^2)$,$X_1,X_2,\cdots,X_{20}$ 和 $Y_1,Y_2,\cdots,Y_{25}$ 是分别来自 X 和 Y 的样本,求 $|\overline{X}-\overline{Y}|>0.4$ 的概率.

解 因为 $\overline{X}\sim N\left(30,\dfrac{9}{20}\right)$,$\overline{Y}\sim N\left(30,\dfrac{9}{25}\right)$,由两个样本的独立性知 $\overline{X}$ 和 $\overline{Y}$ 相互独立,故

$$\overline{X}-\overline{Y}\sim N\left(0,\dfrac{9}{20}+\dfrac{9}{25}\right)=N(0,0.9^2),$$

所以,

$$P\{|\overline{X}-\overline{Y}|>0.4\}=1-P\{|\overline{X}-\overline{Y}|\leqslant 0.4\}=1-P\left\{\dfrac{|\overline{X}-\overline{Y}|}{0.9}\leqslant 0.44\right\}$$
$$=1-[2\Phi(0.44)-1]=1-(2\times 0.67-1)=0.66.$$

例 7 设总体 $X\sim N(\mu,\sigma^2)$,$\sigma^2>0$,从该总体中抽取简单随机样本 $X_1,X_2,\cdots,X_{2n}$ ($n\geqslant 1$),其样本均值为 $\overline{X}=\dfrac{1}{2n}\sum\limits_{i=1}^{2n}X_i$,求统计量 $Y=\sum\limits_{i=1}^{n}(X_i+X_{i+1}-2\overline{X})^2$ 的数学期望.

解 显然 $X_1+X_{n+1},X_2+X_{n+2},\cdots,X_n+X_{2n}$ 相互独立,且同服从 $N(2\mu,2\sigma^2)$,若将其看作一个容量为 n 的新样本,则其样本均值为 $\dfrac{1}{n}\sum\limits_{i=1}^{n}(X_i+X_{n+i})=\dfrac{1}{n}\sum\limits_{i=1}^{2n}X_i=2\overline{X}$,样本方差为 $\dfrac{1}{n-1}\sum\limits_{i=1}^{n}(X_i+X_{n+i}-2\overline{X})^2=\dfrac{1}{n-1}Y$,对这个新样本使用费歇引理可知 $\dfrac{Y}{2\sigma^2}\sim\chi^2(n-1)$. 由于 $\chi^2(n-1)$ 的数学期望为 $n-1$,故 $E(Y)=2(n-1)\sigma^2$.

例 8 设 X_1,X_2,X_3,X_4 是来自总体 $N(0,\sigma^2)$ 的随机样本,记 $Y_1=\dfrac{X_1+X_3}{2}$,$Y_2=\dfrac{X_2+X_4}{2}$,问 $Z=\dfrac{(X_1-Y_1)^2+(X_3-Y_1)^2}{(X_2-Y_2)^2+(X_4-Y_2)^2}$,$W=\dfrac{X_1^2+X_3^2}{X_2^2+X_4^2}$ 分别服从什么分布?

解 因为 $\dfrac{X_1-X_3}{\sqrt{2}\sigma}\sim N(0,1)$,$\dfrac{X_2-X_4}{\sqrt{2}\sigma}\sim N(0,1)$,$\left(\dfrac{X_1-X_3}{\sqrt{2}\sigma}\right)^2\sim\chi^2(1)$,$\left(\dfrac{X_2-X_4}{\sqrt{2}\sigma}\right)^2\sim\chi^2(1)$,且相互独立,则

$$Z=\dfrac{(X_1-Y_1)^2+(X_3-Y_1)^2}{(X_2-Y_2)^2+(X_4-Y_2)^2}=\dfrac{(X_1-X_3)^2}{(X_2-X_4)^2}=\dfrac{\dfrac{(X_1-X_3)^2}{2\sigma^2}}{\dfrac{(X_2-X_4)^2}{2\sigma^2}}\sim F(1,1).$$

因为 $\dfrac{X_i}{\sigma}\sim N(0,1)$ ($i=1,2,3,4$),$\dfrac{X_1^2+X_3^2}{\sigma^2}\sim\chi^2(2)$,$\dfrac{X_2^2+X_4^2}{\sigma^2}\sim\chi^2(2)$,且相互独立,则

$$W=\dfrac{\dfrac{X_1^2+X_3^2}{\sigma^2}}{\dfrac{X_2^2+X_4^2}{\sigma^2}}=\dfrac{X_1^2+X_3^2}{X_2^2+X_4^2}\sim F(2,2).$$

例 9 假设总体 X 服从参数为 (m,p) 的二项分布,$X_1,X_2,\cdots,X_n$ 是来自总体 X 的简单随机样本,试求样本均值 $\overline{X}$ 的概率分布.

解 对于 $n=2$,X_1 和 X_2 独立同服从参数为 (m,p) 的二项分布,则容易证明 X_1+X_2 显然有 $2m+1$ 个可能值.

对于任意 $0 \leqslant k \leqslant 2m+1$,有
$$P\{X_1+X_2=k\}=P\{X_1=i,X_2=k-i\}$$
$$=\sum_{i=0}^{k}P\{X_1=i\}P\{X_2=k-i\}=\sum_{i=0}^{k}C_m^i C_m^{k-i}p^i q^{m-i}p^{k-i}q^{m-k+i}$$
$$=p^k q^{2m-k}\sum_{i=0}^{k}C_m^i C_m^{k-i}=C_{2m}^k p^k q^{2m-k},$$

其中最后一步用到恒等式 $\sum_{i=0}^{k}C_m^i C_m^{k-i}=C_{2m}^k$,其证明见下面的注.

对于任意 $n>2$,变量 $X_1,X_2,\cdots,X_n$ 独立同服从参数为 (m,p) 的二项分布,则用数学归纳法容易证明 $X_1+X_2+\cdots+X_n$ 服从参数为 (mn,p) 的二项分布.

从而,对于 $n>2$,$\overline{X}$ 的概率分布为
$$P\left\{\overline{X}=\frac{k}{n}\right\}=P\{X_1+X_2+\cdots+X_n=k\}=C_{mn}^k p^k (1-p)^{mn-k} \quad (k=0,1,\cdots,mn).$$

注:设 Y 服从参数为 $(n;2m,m)$ 的超几何分布,则由 $\sum_{i=0}^{k}\dfrac{C_m^i C_m^{k-i}}{C_{2m}^k}=\sum_{i=0}^{k}P\{Y=i\}=1$,立即得恒等式 $\sum_{i=0}^{k}C_m^i C_m^{k-i}=C_{2m}^k$.

例 10 设总体 $X \sim N(2.5,6^2)$,X_1,X_2,X_3,X_4,X_5 是来自 X 的样本,求概率 $P\{(1.3<\overline{X}<3.5)\cap(6.3<S^2<9.6)\}$.

解 因 $\overline{X}$ 与 S^2 相互独立,故有
$$P\{(1.3<\overline{X}<3.5)\cap(6.3<S^2<9.6)\}=P\{1.3<\overline{X}<3.5\}P\{6.3<S^2<9.6\}.$$

$$P\{1.3<\overline{X}<3.5\}=P\left\{\frac{1.3-2.5}{\frac{6}{\sqrt{5}}}<\frac{\overline{X}-2.5}{\frac{6}{\sqrt{5}}}<\frac{3.5-2.5}{\frac{6}{\sqrt{5}}}\right\}$$
$$=\Phi\left(\frac{3.5-2.5}{\frac{6}{\sqrt{5}}}\right)-\Phi\left(\frac{1.3-2.5}{\frac{6}{\sqrt{5}}}\right)=\Phi(0.37)-\Phi(-0.45)=0.3179,$$

$$P\{6.3<S^2<9.6\}=P\left\{6.3\times\frac{4}{6^2}<\frac{4S^2}{6^2}<9.6\times\frac{4}{6^2}\right\}=P\{0.7<\chi^2(4)<1.067\}$$
$$=P\{\chi^2(4)>0.7\}-P\{\chi^2(4)>1.067\}=0.95-0.90=0.05,$$

因此 $P\{(1.3<\overline{X}<3.5)\cap(6.3<S^2<9.6)\}=0.3179\times 0.05=0.015895.$

综 合 题

1. 设总体 $X \sim N(\mu, \sigma^2)$,从中抽得简单随机样本 $X_1, X_2, \cdots, X_n$,记
$\overline{X} = \frac{1}{n}\sum_{i=1}^{n}(X_i - \overline{X})^2, Y_1 = \frac{1}{\sigma^2}\sum_{i=1}^{n}(X_i - \mu)^2, Y_2 = \frac{1}{\sigma^2}\sum_{i=1}^{n}(X_i - \overline{X})^2$,则 ( )

   A. Y_1, Y_2 均与 $\overline{X}$ 相互独立
   B. Y_1, Y_2 均不与 $\overline{X}$ 相互独立
   C. Y_1 与 $\overline{X}$ 相互独立,而 Y_2 未必
   D. Y_2 与 $\overline{X}$ 相互独立,而 Y_1 未必

2. 设 $X_1, X_2, \cdots, X_n$ 是取自 $N(0, \sigma^2)$ 的简单样本,$\overline{X}_k = \frac{1}{k}\sum_{i=1}^{k}X_i, 1 \leqslant k \leqslant n$,则 $\mathrm{Cov}(\overline{X}_k, \overline{X}_{k+1}) =$ ( )

   A. σ^2
   B. $\frac{\sigma^2}{k}$
   C. $\frac{\sigma^2}{k+1}$
   D. $\frac{\sigma^2}{k(k+1)}$

3. 设 $X_1, X_2, \cdots, X_9$ 是来自正态总体 X 的简单随机样本,且
$$Y_1 = \frac{1}{6}(X_1 + X_2 + \cdots + X_6), Y_2 = \frac{1}{3}(X_7 + X_8 + X_9),$$
$$S^2 = \frac{1}{2}\sum_{i=7}^{9}(X_i - Y_2)^2, Z = \frac{\sqrt{2}(Y_1 - Y_2)}{S}.$$

证明:统计量 Z 服从自由度为 2 的 t 分布.

4. 设 $X_1, X_2, \cdots, X_n$ 是总体 X 的简单样本,而总体 $X \sim \begin{pmatrix} -1 & 1 \\ q & p \end{pmatrix}$,其中 $p > 0, q > 0, p + q = 1$.求样本均值的分布和 n 足够大时的近似分布.

5. 假设总体 X 在区间 $[0,2]$ 上服从均匀分布,求 $F_n(x)$ 的概率分布、数学期望和方差.

6. 假设有一批 1000 件产品的总体,其中共有 10 件不合格品,考虑自这批产品中的 5 次不放回抽样. 设
$$X_i = \begin{cases} 1, & \text{第 } i \text{ 次抽到的是不合格品,} \\ 0, & \text{第 } i \text{ 次抽到的是合格品.} \end{cases}$$
(1) 问 $(X_1, X_2, \cdots, X_5)$ 是否是简单随机样本?
(2) 问 5 次抽样抽到的不合格品件数 v_5 是否是统计量?
(3) 试求随机变量 v_5 的概率分布.

参考答案

基础题

1. $p^{\sum_{i=1}^{n} x_i}(1-p)^{n-\sum_{i=1}^{n} x_i}$.   2. 联合概率密度 $f=\begin{cases} \theta^{-n}, & 0<x_1,\cdots,x_n<\theta, \\ 0, & \text{其他}; \end{cases}$ $E(\overline{X})=\dfrac{\theta}{2}, D(\overline{X})=\dfrac{\theta^2}{12n}$.

3. 0.8293.   4. $n \geqslant 40$.   5. 0.10.   6. 略.   7. 5.26, 3.14, 6.42, $\dfrac{1}{5.45}, \dfrac{1}{3.34}$.   8. (1) $-2.6810, 2.6810$.
(2) -1.8125.   9. C.   10. B.

提高题

1. (1) 0.99.   (2) $D(S^2)=\dfrac{2}{15}\sigma^4$.   2. 0.66.   3. (1) $\chi^2(n+m)$.   (2) $F(n,m)$.   (3) $t(m)$.   4. $\sqrt{\dfrac{2}{\pi}}$,
$1-\dfrac{2}{\pi}$.   5. $C=\dfrac{1}{4}, E(CY)=4, D(CY)=8$.   6. $F(1,1)$.   7. 服从 t 分布, $E(U)=0, D(U)=3$.

8. $\chi^2(2)$.   9. (1) 0.7372.   (2) $P\{|\overline{X}-\mu|<1.5\}=P\left\{\dfrac{|\overline{X}-\mu|}{\sqrt{\dfrac{S^2}{n}}}<\dfrac{1.5}{\sqrt{\dfrac{17.26}{14}}}\right\}=P\{|t(13)|<1.35\}=1-$

$2P\{t(13)>1.35\}=0.80$.

综合题

1. D.   2. C.   3. 设 $X \sim N(\mu,\sigma^2)$, 则由费歇引理可知 $Y_1 \sim N\left(\mu,\dfrac{\sigma^2}{6}\right), Y_2 \sim N\left(\mu,\dfrac{\sigma^2}{3}\right)$. 显然, Y_1 与 Y_2 相互独立, 且 $E(Y_1-Y_2)=0, D(Y_1-Y_2)=D(Y_1)+D(Y_2)=\dfrac{\sigma^2}{6}+\dfrac{\sigma^2}{3}=\dfrac{\sigma^2}{2}$, 所以 $Y_1-Y_2 \sim N\left(0,\dfrac{\sigma^2}{2}\right)$, 从而 $U=\dfrac{Y_1-Y_2}{\dfrac{\sigma}{\sqrt{2}}} \sim N(0,1)$. 由于 Y_2 是 X_7, X_8, X_9 的样本均值, 故 S^2 是 X_7, X_8, X_9 的样本方差, 由费歇引理可知 $\dfrac{2S^2}{\sigma^2} \sim \chi^2(2)$, 且有 Y_2 与 S^2 相互独立. 由于 Y_1 与 S^2 相互独立, Y_2 与 S^2 相互独立, 故有 Y_1-Y_2 与 S^2 独立, 因此

$$Z=\dfrac{\dfrac{Y_1-Y_2}{\dfrac{\sigma}{\sqrt{2}}}}{\sqrt{\dfrac{2S^2}{\sigma^2}}}=\dfrac{\sqrt{2}(Y_1-Y_2)}{S} \sim t(2).$$

4. $W=\sum_{i=1}^{n} X_i$ 不是二项分布, 令 $Y_i=\dfrac{X_i+1}{2}$, 则 $Y_i \sim \begin{pmatrix} 0 & 1 \\ q & p \end{pmatrix}$,

$$Y=\sum_{i=1}^{n} Y_i = \dfrac{\sum_{i=1}^{n} X_i + n}{2} = \dfrac{W+n}{2}.$$

Y 服从二项分布, 故样本均值 $\overline{X}=\dfrac{W}{n}=\dfrac{2}{n}Y-1 \sim \begin{pmatrix} -1 & \cdots & \dfrac{2k}{n}-1 & \cdots & 1 \\ q^n & \cdots & C_n^k p^k q^{n-k} & \cdots & p^n \end{pmatrix}$.

求近似分布：当 n 足够大时，因为 $W = \sum_{i=1}^{n} X_i$ 近似正态分布，所以
$$W = \sum_{j=1}^{n} X_j \stackrel{\cdot}{\sim} N(n(p-q), 4npq).$$
故 $\overline{X} = \dfrac{W}{n}$ 也是近似正态的，即 $\overline{X} = \dfrac{W}{n} \stackrel{\cdot}{\sim} N(p-q, 4pq)$.

5. 设 $X_1, X_2, \cdots, X_n$ 是来自总体 X 的简单随机样本，其中总体 X 在区间 $[0, 2]$ 上服从均匀分布．对于任意给定的实数 x，以 $v_n(x)$ 表示 n 个观测值 $X_1, X_2, \cdots, X_n$ 中不大于 x 的个数，即 $v_n(x)$ 表示在对 x 的 n 次独立重复观察中事件 $\{X \leqslant x\}$ 出现的次数．易见，对于 $x < 0, v_n(x) = 0$；对于 $x > 2, v_n(x) = n$；对于任意 $x \in [0, 2]$，由于 $P\{X \leqslant x\} = \dfrac{x}{2}$，可见 $v_n(x)$ 服从参数为 $\left(n, \dfrac{x}{2}\right)$ 的二项分布．

对于任意给定的实数 $x \in [0, 2]$，$F_n(x) = \dfrac{v_n(x)}{n}$ 的概率分布为
$$P\left\{F_n(x) = \dfrac{k}{n}\right\} = C_n^k \left(\dfrac{x}{2}\right)^k \left(1 - \dfrac{x}{2}\right)^{n-k} \quad (k = 0, 1, \cdots, n).$$
对于 $x < 0, P\{F_x(x) = 0\} = 1$；对于 $x > 2, P\{F_n(x) = 1\} = 1$.

易见对于任意给定的实数 $x \in [0, 2]$，$F_n(x)$ 的数学期望和方差分别为
$$E[F_n(x)] = \dfrac{n}{2}, \quad D[F_n(x)] = \dfrac{x}{2n}\left(1 - \dfrac{n}{2}\right).$$

6. (1) $(X_1, X_2, \cdots, X_5)$ 不是简单随机样本，因为 $X_1, X_2, \cdots, X_5$ 虽然同分布但是不独立．

(2) v_5 是统计量，因为 $v_5 = \sum_{i=1}^{5} X_i$.

(3) 易见 v_5 服从超几何分布，$P\{v_5 = k\} = \dfrac{C_{10}^k C_{990}^{5-k}}{C_{1000}^5} \quad (k = 0, 1, 2, 3, 4, 5)$.

第 7 章　参数估计

基 础 题

1. 设 $(X_1, X_2, \cdots, X_n)$ 是取自总体 X 的一个样本，X 的概率分布为
$$P\{X=k\} = \theta(1-\theta)^{k-1}, k=1,2,\cdots,$$
其中 $0<\theta<1$. 求总体参数 θ 的矩估计.

2. 设 $(X_1, X_2, \cdots, X_n)$ 是取自总体 X 的一个样本，X 的概率密度为
$$f(x) = \begin{cases} \sqrt{\theta} x^{\sqrt{\theta}-1}, & 0 \leqslant x \leqslant 1, \\ 0, & \text{其他}, \end{cases}$$
其中 $\theta>0$，θ 为未知参数. 求总体参数 θ 的矩估计.

3. 设总体 X 的密度函数为
$$f(x,\theta) = \begin{cases} \theta x^{\theta-1}, & 0<x<1, \\ 0, & \text{其他}, \end{cases}$$
其中 $\theta>0$ 未知，样本 $(X_1, X_2, \cdots, X_n)$ 取自总体 X. 试求 θ 的极大似然估计.

4. 设总体 $X \sim N(\mu, \sigma^2)$，其中 μ 已知，σ^2 未知，$(x_1, x_2, \cdots, x_n)$ 是来自总体的样本值，试求 σ^2 的矩估计值和极大似然估计值．

5. 设总体 X 的概率密度为
$$f(x) = \begin{cases} (\theta+1)x^\theta, & 0 < x < 1, \\ 0, & \text{其他}, \end{cases}$$
其中 $\theta > -1$ 是未知参数，$(X_1, X_2, \cdots, X_n)$ 是来自总体 X 的样本．试求 θ 的矩估计量和极大似然估计量．

6. 设某厂生产的电子元件的使用寿命 X 服从参数为 $\lambda(\lambda>0)$ 的指数分布，其中 λ 未知．今随机地抽取 5 只电子元件进行测试，测得它们的使用寿命（单位：h）如下：518,612,713, 388,434. 试求该厂生产的电子元件的平均使用寿命的极大似然估计值．

7. 一地质学家为研究密歇根湖湖滩地区的岩石成分，随机地自该地区取 100 个样品，每个样品有 10 块石子，记录了每个样品中属石灰石的石子数．假设这 100 次观察相互独立，并且由过去经验知，它们都服从参数为 $m=10, p$ 的二项分布．p 是该地区一块石子是石灰石的概率，求 p 的极大似然估计值．该地质学家所得的数据如下：

样本中属石灰石的石子数 i	0	1	2	3	4	5	6	7	8	9	10
观察到 i 块石灰石的样品个数	0	1	6	7	23	26	21	12	3	1	0

8. 设总体 X 服从 $(1,\theta)$ 上的均匀分布.(1) 试求 θ 的矩估计量 $\hat{\theta}$;(2) 问 $\hat{\theta}$ 是否为 θ 的无偏估计?

9. 设 (X_1,X_2,X_3) 是取自正态总体 $N(\mu,1)$ 的容量为 3 的一个样本,其中 μ 未知.
(1) 验证:
$$\hat{\mu}_1 = \frac{1}{3}X_1 + \frac{1}{6}X_2 + \frac{1}{2}X_3, \quad \hat{\mu}_2 = \frac{1}{4}X_1 + \frac{1}{2}X_2 + \frac{1}{4}X_3, \quad \hat{\mu}_3 = \frac{1}{3}X_1 + \frac{1}{3}X_2 + \frac{1}{3}X_3$$
都是 μ 的无偏估计;
(2) 上述三个估计哪一个最有效?

10. 设 $\hat{\theta}$ 是参数 θ 的无偏估计,且有 $D(\hat{\theta}) > 0$,试证: $\hat{\theta}^2 = (\hat{\theta})^2$ 不是 θ^2 的无偏估计.

11. 设某工件的长度 $X \sim N(\mu,16)$,今抽取 9 件测量其长度,得数据(单位:mm)如下:
142,138,150,165,156,148,132,135,160.
试求参数 μ 的置信度为 95% 的置信区间.

12. 从一批灯泡中随机地取 5 只做使用寿命试验,测得它们的使用寿命(单位:h)分别为

$$1050,1100,1120,1250,1280.$$

设灯泡的使用寿命服从正态分布,求灯泡使用寿命的平均值 μ 的置信度为 0.95 的置信区间.

13. 随机地抽取某种炮弹 9 发做试验,得炮口速度的样本标准差 $s=11$ m/s,设炮口速度服从正态分布,试求这种炮弹的炮口速度的标准差 σ 的置信度为 0.95 的置信区间.

14. 设某种油漆的 9 个样品的干燥时间(单位:h)分别为

$$6.0,5.7,5.8,6.5,7.0,6.3,5.6,6.1,5.0.$$

设干燥时间总体服从正态分布 $N(\mu,\sigma^2)$,在下列条件下,分别求 μ 的置信度为 0.95 的置信区间:

(1) 若由以往经验知 $\sigma=0.6$(h); (2) 若 σ 未知.

15. 设两总体 X,Y 相互独立,$X\sim N(\mu_1,64)$,$Y\sim N(\mu_2,36)$. 从 X 中抽取容量为 75 的样本,从 Y 中抽取容量为 50 的样本,计算得 $\bar{x}=82,\bar{y}=76$,试求 $\mu_1-\mu_2$ 的置信度为 0.96 的置信区间.

16. 为了比较甲、乙两类试验田的收获量,随机地抽取甲类试验田 8 块、乙类试验田 10 块,测得收获量(单位:kg)分别为

甲：12.6,10.2,11.7,12.3,11.1,10.5,10.6,12.2;

乙：8.6,7.9,9.3,10.7,11.2,11.4,9.8,9.5,10.1,8.5.

假定这两类试验田的收获量均服从正态分布且方差相同,试求均值差 $\mu_1-\mu_2$ 的置信度为 0.95 的置信区间.

17. 两位化验员独立地对某种聚合物的含氮量用相同的方法各做 10 次测定,其测定值的样本方差分别为 $s_1^2=0.5419,s_2^2=0.6050$. 试求总体方差比 $\dfrac{\sigma_1^2}{\sigma_2^2}$ 的置信度为 0.90 的置信区间,假定测定值服从正态分布.

提 高 题

1. 设 $X_1, X_2, \cdots, X_n$ 为总体的一个样本,求下列总体的密度函数中的未知参数的极大似然估计值和估计量.

$$f(x) = \begin{cases} \dfrac{1}{\theta} e^{-(x-\mu)/\theta}, & x \geq \mu, \\ 0, & \text{其他}, \end{cases}$$ 其中 $\theta > 0, \theta, \mu$ 为未知参数.

2. 设 $(X_1, X_2, \cdots, X_n)$ 为正态总体 $N(\mu, \sigma^2)$ 的样本,选择适当的常数 c,使 $c\sum\limits_{i=1}^{n-1}(X_{i+1} - X_i)^2$ 为 σ^2 的无偏估计.

3. 设从均值为 μ、方差为 $\sigma^2 > 0$ 的总体中,分别抽取容量为 n_1, n_2 的两个独立样本,$\overline{X}_1$ 和 $\overline{X}_2$ 分别是两个样本的均值.

(1) 试证:对于任意常数 $a, b(a+b=1)$,$Y = a\overline{X}_1 + b\overline{X}_2$ 都是 μ 的无偏估计;

(2) 确定常数 a, b,使 $D(Y)$ 达到最小.

重点与难点分析

一、重点解析
1. 参数的矩估计和极大似然估计.
2. 估计量的评选标准,重点是估计量的无偏性的验证.
3. 单个正态总体均值和方差的置信区间估计.
4. 两个正态总体均值差和方差比的置信区间.

二、综合例题

例1 设随机变量 X 的分布函数为

$$F(x;\beta)=\begin{cases}1-\left(\dfrac{1}{x}\right)^{\beta}, & x>1,\\ 0, & x\leqslant 1,\end{cases}$$

其中 $\beta>0$,设 $X_1,X_2,\cdots,X_n$ 为来自总体 X 的样本,求未知参数 β 的矩估计量.

解 X 的概率密度为

$$f(x;\beta)=\begin{cases}\beta\dfrac{1}{x^{\beta+1}}, & x>1,\\ 0, & x\leqslant 1,\end{cases}$$

故

$$E(X)=\int_{-\infty}^{+\infty}xf(x;\beta)\mathrm{d}x=\int_{1}^{+\infty}\dfrac{\beta}{x^{\beta}}\mathrm{d}x=\dfrac{\beta}{\beta-1}.$$

由 $E(X)=\overline{X}$,得 β 的矩估计量为

$$\hat{\beta}=\dfrac{\overline{X}}{\overline{X}-1}.$$

例2 设某种元件的使用寿命 X 的概率密度为

$$f(x;\theta)=\begin{cases}2\mathrm{e}^{-2(x-\theta)}, & x>\theta,\\ 0, & x\leqslant\theta,\end{cases}$$

其中 $\theta>0$ 为未知数,又设 $x_1,x_2,\cdots,x_n$ 是 X 的一组样本观测值,求参数 θ 的极大似然估计值.

解 似然函数为 $L(\theta)=L(x_1,x_2,\cdots,x_n;\theta)$

$$=\prod_{i=1}^{n}f(x_i;\theta)=\begin{cases}2^n\mathrm{e}^{-2\sum\limits_{i=1}^{n}(x_i-\theta)}, & x_i>\theta(i=1,2,\cdots,n),\\ 0, & 其他,\end{cases}$$

$$=\begin{cases}2^n\mathrm{e}^{-2\sum\limits_{i=1}^{n}x_i+2n\theta}, & x_i>\theta(i=1,2,\cdots,n),\\ 0, & 其他.\end{cases}$$

当 $x_i>\theta(i=1,2,\cdots,n)$ 时,$L(\theta)>0$,等式两边取对数,得

$$\ln L(\theta) = n\ln 2 - 2\sum_{i=1}^{n} x_i + 2n\theta,$$

于是 $\dfrac{d(\ln L)}{d\theta} = 2n = 0$，而 $n \in \mathbf{N}^+$，无解，方程失效. 因 $\dfrac{d(\ln L)}{d\theta} = 2n > 0$，所以 $L(\theta)$ 单调增加. 由于 θ 必须满足 $\theta < x_i (i=1,2,\cdots,n)$，故 $\theta \leqslant \min\limits_{1 \leqslant i \leqslant n}(x_i)$. 对 $L(\theta)$ 来讲，当 θ 取 $x_1, x_2, \cdots, x_n$ 中的最小值时，$L(\theta)$ 取最大值，所以 θ 的极大似然估计值为

$$\hat{\theta} = \min(x_1, x_2, \cdots, x_n).$$

例 3 设总体 $X_1, X_2, \cdots, X_n$ 是来自总体 X 的一个样本，$E(X) = \mu$，$D(X) = \sigma^2$，试确定常数 c，使 $(\overline{X})^2 - cS^2$ 是 μ 的无偏估计.

解 因为

$$E(\overline{X}) = E(X) = \mu, \quad D(\overline{X}) = \frac{D(X)}{n} = \frac{\sigma^2}{n}, \quad E(S^2) = D(X) = \sigma^2,$$

则有

$$E[(\overline{X})^2 - cS^2] = E(\overline{X})^2 - cE(S^2) = D(\overline{X}) + [E(\overline{X})]^2 - cE(S^2) = \frac{\sigma^2}{n} + \mu^2 - c\sigma^2.$$

故当 $\dfrac{\sigma^2}{n} + \mu^2 - c\sigma^2 = \mu^2$，即 $c = \dfrac{1}{n}$ 时，$(\overline{X})^2 - cS^2$ 为 μ^2 的无偏估计.

例 4 设总体 X 的概率密度函数为

$$f(x;\lambda) = \begin{cases} \lambda e^{-\lambda x}, & x \geqslant 0, \\ 0, & x < 0, \end{cases}$$

其中 $\lambda > 0$，未知参数 $X_1, X_2, \cdots, X_n$ 是来自 X 的样本.

试证：$\overline{X}$ 和 $nZ = n\min(X_1, X_2, \cdots, X_n)$ 都是 $\dfrac{1}{\lambda}$ 的无偏估计量.

证 因为 $E(X) = \dfrac{1}{\lambda}$，所以

$$E(\overline{X}) = E\left(\frac{1}{n}\sum_{i=1}^{n} X_i\right) = \frac{1}{n}E\left(\sum_{i=1}^{n} X_i\right) = \frac{1}{n}\sum_{i=1}^{n} \frac{1}{\lambda} = \frac{1}{\lambda},$$

即 $\overline{X}$ 是 $\dfrac{1}{\lambda}$ 的无偏估计量.

因为 $E(nZ) = nE(Z)$，故只需求 Z 的数学期望，进而需先求出 Z 的概率密度函数. 注意到 Z 的分布函数为

$$F_Z(z) = P\{\min(X_1, X_2, \cdots, X_n) \leqslant z\} = 1 - P\{\min(X_1, X_2, \cdots, X_n) > z\}$$

$$= 1 - \prod_{i=1}^{n}(1 - P\{X_i \leqslant z\}) = 1 - [1 - F(z)]^n.$$

这里 $F(x)$ 是总体 X 的分布函数. 又总体 X 的分布函数为

$$F(x) = \int_{-\infty}^{x} f(t) dt = \begin{cases} 1 - e^{-\lambda x}, & x \geqslant 0, \\ 0, & x < 0, \end{cases}$$

故

$$F_Z(z) = \begin{cases} 1 - e^{-n\lambda z}, & z \geqslant 0, \\ 0, & z < 0, \end{cases}$$

于是 z 的概率密度函数为

$$f_Z(z) = F'_Z(z) = \begin{cases} n\lambda e^{-n\lambda z}, & z \geq 0, \\ 0, & z < 0, \end{cases}$$

因而

$$E(Z) = \int_{-\infty}^{+\infty} z f_Z(z) dz = \int_0^{+\infty} n\lambda z e^{-n\lambda z} dz = \frac{1}{n\lambda} \Gamma(2) = \frac{1}{n\lambda},$$

所以 $E(nZ) = nE(Z) = \frac{1}{\lambda}$,即 $nZ = n\min(X_1, X_2, \cdots, X_n)$ 是 $\frac{1}{\lambda}$ 的无偏估计量.

例 5 某冶金研究者对铁的熔点做了 4 次实验,结果分别为 1550 ℃,1540 ℃,1530 ℃,1560 ℃,试在 $\alpha = 0.05$ 下,求总体均值 μ 的置信区间.(设熔点服从正态分布,$t_{0.025}(3) = 3.182$)

解 $\bar{x} = \frac{1}{4}(1550 + 1540 + 1530 + 1560) = 1545$,

$s^2 = \frac{1}{3}[(1550-1545)^2 + (1540-1545)^2 + (1530-1545)^2 + (1560-1545)^2] = 166.67$.

对于 $\alpha = 0.05$,自由度 $n - 1 = 3$,可得临界值 $t_{\frac{\alpha}{2}} = 3.182$,由此得置信区间的上、下限分别为

$$\bar{x} + t_{\frac{\alpha}{2}} \frac{s}{\sqrt{n}} = 1545 + 3.128 \times \sqrt{\frac{166.67}{4}} = 1545 + 20.19 = 1565.19,$$

$$\bar{x} - t_{\frac{\alpha}{2}} \frac{s}{\sqrt{n}} = 1545 - 3.182 \times \sqrt{\frac{166.67}{4}} = 1545 - 20.19 = 1524.81,$$

从而得 μ 的 $\alpha = 0.05$ 的置信区间为 $[1524.81, 1565.19]$.

例 6 用金球测定引力常数(单位:10^{-11} m^3 · kg^{-1} · s^{-2}),观察值分别为

6.683, 6.681, 6.676, 6.678, 6.679, 6.672.

假设测定总体服从 $N(\mu, \sigma^2)$,μ, σ^2 均未知,求 σ^2 的置信度为 0.9 的置信区间.

解 由已知条件可知 $n = 6, 1 - \alpha = 0.9$.

当正态总体均值 μ 未知时,方差 σ^2 的置信度为 0.9 的置信区间为

$$\left(\frac{(n-1)s^2}{\chi^2_{\frac{\alpha}{2}}(n-1)}, \frac{(n-1)s^2}{\chi^2_{1-\frac{\alpha}{2}}(n-1)}\right).$$

样本均值 $\bar{x} = \frac{1}{6}(6.683 + 6.681 + \cdots + 6.672) = 6.678$,

样本方差 $s^2 = \frac{1}{5}\sum_{i=1}^{6}(x_i - \bar{x})^2 = 1.5 \times 10^{-5}$,

$\chi^2_{\frac{\alpha}{2}}(n-1) = \chi^2_{0.05}(5) = 11.071, \chi^2_{1-\frac{\alpha}{2}}(n-1) = \chi^2_{0.95}(5) = 1.145$.

所以,σ^2 的置信度为 0.9 的置信区间为 $\left(\frac{5 \times 1.5 \times 10^{-5}}{11.071}, \frac{5 \times 1.5 \times 10^{-5}}{1.145}\right)$,即 $(6.8 \times 10^{-6}, 6.5 \times 10^{-5})$.

例 7 随机地从 A 批导线中抽取 4 根,又从 B 批导线中抽取 5 根,测得电阻(单位:Ω)分别为

A 批导线:0.143, 0.142, 0.143, 0.137;

B 批导线:0.140, 0.142, 0.136, 0.138, 0.140.

设测定数据分别来自正态分布 $N(\mu_1, \sigma^2), N(\mu_2, \sigma^2)$,且两样本相互独立,又 μ_1, μ_2, σ^2 均

未知,试求 $\mu_1-\mu_2$ 的置信度为 0.95 的置信区间.

解 由两个正态总体方差相同但未知,且 $n_1=4, n_2=5$,可知 $\mu_1-\mu_2$ 的置信度为 $1-\alpha$ 的置信区间为

$$\left(\bar{x}-\bar{y}\pm t_{\frac{\alpha}{2}}(n_1+n_2-2)s_w\sqrt{\frac{1}{n_1}+\frac{1}{n_2}}\right).$$

由题中数据可得

$$\bar{x}=0.14125, \bar{y}=0.1392, s_1=0.00287, s_2=0.00228,$$

$$s_w=\sqrt{\frac{3s_1^2+4s_2^2}{7}}=0.00253, \alpha=0.05, t_{\frac{\alpha}{2}}(n_1+n_2-2)=t_{0.025}(7)=2.3646.$$

从而所求区间为

$$\left(0.14125-0.1392\pm 2.3646\times 0.00253\times\sqrt{\frac{1}{4}+\frac{1}{5}}\right),$$

即 $(-0.002, 0.006)$.

例 8 已知总体 $X\sim N(\mu_1,\sigma_1^2)$,总体 $Y\sim N(\mu_2,\sigma_2^2)$,$\mu_2,\sigma_2^2$ 均未知,X 与 Y 相互独立. 今从两总体中随机抽取样本 $X_1,X_2,\cdots,X_{25};Y_1,Y_2,\cdots,Y_{15}$. 测得其修正样本方差分别为 $s_{1n_1}^{*2}=4.292, s_{2n_2}^{*2}=3.429$,试求 $\frac{\sigma_1^2}{\sigma_2^2}$ 的置信度为 90% 的置信区间.(已知 $F_{0.05}(24,14)=2.35$,$F_{0.05}(14,24)=2.13$)

解 由题中条件可得 $\frac{s_{1n_1}^{*2}}{s_{2n_2}^{*2}}=1.25$,由于 $\alpha=0.1, \frac{\alpha}{2}=0.05, 1-\frac{\alpha}{2}=0.95$,由题设得临界值 $F_{0.05}(24,14)=2.35, F_{0.95}(24,14)=\frac{1}{F_{0.95}(14,24)}=\frac{1}{2.13}$,从而 $\frac{\sigma_1^2}{\sigma_2^2}$ 的置信度为 90% 的置信区间为

$$\left[1.252\times\frac{1}{2.35}, 1.252\times 2.13\right]=[0.533, 2.667].$$

综 合 题

1. 设总体 X 的分布密度函数为
$$f(x)=\begin{cases} \dfrac{4x^2}{a^3\sqrt{\pi}}e^{-\frac{x^2}{a^2}}, & x>0, \\ 0, & x\leq 0, \end{cases}$$
其中 $a>0$ 为待估参数，$X_1,X_2,\cdots,X_n$ 是总体 X 的样本，试求 a 的矩估计和极大似然估计.

2. 设总体 $X\sim N(\mu,\sigma^2)$，$X_1,X_2,\cdots,X_n$ 为来自 X 的一个样本，μ 和 σ^2 为未知数，若以 L 表示 μ 的置信度为 $1-\alpha$ 的置信区间的长度，求 $E(L^2)$.

3. 设总体 X 服从 $[0,\theta]$ 上的均匀分布，θ 未知 $(\theta>0)$，X_1,X_2,X_3 是取自 X 的一个样本.
(1) 试证：$\hat{\theta}_1=\dfrac{4}{3}\max\limits_{1\leq i\leq 3}(X_i)$，$\hat{\theta}_2=4\min\limits_{1\leq i\leq 3}(X_i)$ 都是 θ 的无偏估计；
(2) 上述两个估计哪个方差较小？

参考答案

基础题

1. $\hat{\theta} = \dfrac{1}{\overline{X}}$. 2. $\hat{\theta} = \left(\dfrac{\overline{X}}{1-\overline{X}}\right)^2$. 3. $\hat{\theta} = -\dfrac{n}{\sum\limits_{i=1}^{n} \ln X_i}$. 4. $\dfrac{1}{n}\sum\limits_{i=1}^{n}(x_i-\mu)^2$, $\dfrac{1}{n}\sum\limits_{i=1}^{n}(x_i-\mu)^2$. 5. $\dfrac{2\overline{X}-1}{1-\overline{X}}$,

$-1 - \dfrac{n}{\sum\limits_{i=1}^{n}\ln X_i}$. 6. 533 h. 7. $\hat{p} = \dfrac{\overline{X}}{m} = \dfrac{4.99}{10} = 0.499$. 8. (1) $\hat{\theta} = 2\overline{X} - 1$. (2) 是无偏估计. 9. (1)

略. (2) $\hat{\mu}_3$ 最有效. 10. 略. 11. (144.720, 149.946). 12. (1036.15, 1283.85). 13. (7.428, 21.073).
14. (1) (5.608, 6.392). (2) (5.558, 6.442). 15. (3.42, 8.58). 16. (0.548, 2.852). 17. (0.282, 2.848).

提高题

1. $\hat{\mu} = \min(x_1, x_2, \cdots, x_n)$, $\hat{\theta} = \dfrac{1}{n}\sum\limits_{i=1}^{n}(X_i - \hat{\mu}) = \overline{X} - x_{(1)}$. 2. $\dfrac{1}{2(n-1)}$. 3. (1) 略. (2) $a = \dfrac{n_1}{n_1+n_2}$, $b = \dfrac{n_2}{n_1+n_2}$.

综合题

1. 矩估计 $\hat{a} = \dfrac{\sqrt{\pi}}{2}\overline{X}$, 极大似然估计 $\hat{a} = \sqrt{\dfrac{2}{3n}\sum\limits_{i=1}^{n}X_i^2}$. 2. $L^2 = 4t_{\frac{a}{2}}^2(n-1)\dfrac{s^2}{n}$, $E(L^2) = \dfrac{\sigma^2}{n}4t_{\frac{a}{2}}^2(n-1)$.

3. (1) 提示: $Y = \max\limits_{1\leqslant i \leqslant 3}(X_i)$, $Z = \min\limits_{1\leqslant i \leqslant 3}(X_i)$, Y 的概率密度函数为

$$f_Y(y) = \begin{cases} 3\left(\dfrac{y}{\theta}\right)^2 \dfrac{1}{\theta}, & 0 \leqslant y < \theta, \\ 0, & \text{其他}. \end{cases}$$

Z 的概率密度函数为

$$f_Z(z) = \begin{cases} \dfrac{3}{\theta^3}(\theta - z)^2, & 0 \leqslant z < \theta, \\ 0, & \text{其他}. \end{cases}$$

(2) $\hat{\theta}_1$ 比 $\hat{\theta}_2$ 的方差小.

第 8 章 假设检验

基 础 题

1. 已知某零件在产品组合中是主要部件,其长度 X(单位:cm)服从正态分布 $N(\mu,\sigma^2)$, μ 为待检参数,其标准值 $\mu_0=32, \sigma^2=1$ 为已知. 现从中抽查 6 件,测得它们的长度分别为

$$32.46, 29.76, 31.44, 30.20, 31.57, 31.33.$$

试分别就 $\alpha_1=0.05$ 及 $\alpha_2=0.01$ 检验该批零件的长度是否符合产品组合要求.

2. 设某次考试的考生成绩服从正态分布,从中随机地抽取 36 位考生的成绩,算得平均成绩为 66.5 分,标准差为 15 分,问在显著性水平为 0.05 的条件下,是否可以认为这次考试全体考生的平均成绩为 70 分?

3. 某厂生产的某种型号的电机,其使用寿命长期以来服从方差 $\sigma^2=2500(h^2)$ 的正态分布. 现有一批这种电机,从它的生产情况来看,使用寿命的波动性有所改变. 从中随机抽取 26 只电机,测出其使用寿命的样本方差 $s^2=4600(h^2)$. 问根据这一数据能否判断这批电机的使用寿命的波动性较以往的有显著的变化?($\alpha=0.02$)

4. 在正常生产条件下,某产品的测试指标总体 $X \sim N(\mu,\sigma^2)$,其中 $\sigma=0.23$. 后来改变了生产工艺,出了新产品,假设新产品的测试指标总体仍为 X,且 $X \sim N(\mu,\sigma^2)$. 从新产品中随机抽取 10 件,算得样本标准差 $s=0.33$. 在 $\alpha=0.05$ 的情况下,问检验方差有没有显著变化?

5. 检测两种烟草中尼古丁的含量(单位：mg)，样本测量值分别为

　　　　　　A：24,27,26,21,24；　B：27,28,23,31,26.

已知两种烟草中的尼古丁含量均服从正态分布且方差分别为 5 和 8，试问两种烟草中尼古丁含量是否有显著差异？（$\alpha=0.05$）

6. 甲、乙两台机床加工同种零件，从它们加工的零件中分别抽取若干件测其直径，分别得如下数据(单位：mm)：

　　　　　　甲：20,20,19,18,18；　乙：20,18,21,19.

设两台机床加工的零件的直径均服从正态分布，取 $\alpha=0.05$，问甲、乙两台机床加工的零件的平均直径有无显著差异？

7. 某电子元件的使用寿命 X(单位:h)服从正态分布 $N(\mu,\sigma^2)$,其中 μ,σ^2 未知.现测得 16 只元件,其使用寿命分别如下:
  159,280,101,212,224,279,179,264,222,362,168,250,149,260,485,170.
问据此是否可以认为该批电子元件的平均使用寿命大于 255 h?($\alpha=0.05$)

8. 某工厂生产一种活塞,其直径服从正态分布 $N(\mu,\sigma^2)$,且直径方差的标准值 $\sigma^2=0.0004$.现对生产工艺做了某些改进.为考察新工艺的效果,现从使用新工艺生产的产品中抽取 25 个,测得新活塞的方差 $s^2=0.0006336(\text{cm}^2)$.试问使用新工艺生产的活塞直径的波动性是否显著地小于原有的水平?($\alpha=0.05$)

9. 用机器包装食盐,假设每袋盐的净重 X(单位:g)服从正态分布 $N(\mu,\sigma^2)$,规定每袋标准重量为 500 g,标准差不能超过 10 g.某天开工后,为检验机器工作是否正常,从装好的食盐中随机地抽取 9 袋,测得其净重分别为
  497,507,510,475,488,524,491,515,484.
试问这一天包装机工作是否正常?($\alpha=0.05$)

10. 为了考察某种催化剂对生成物浓度(单位:%)的影响,组织下列试验:乙车间按原来的方法继续生产,甲车间在原来基础上添加该种催化剂再生产. 抽样并对数据加工后汇总如下:

甲车间样本数据(x):$n_1=17$,$\bar{x}=23.8$,$s_1^2=3.49$;

乙车间样本数据(y):$n_2=14$,$\bar{y}=22.3$,$s_2^2=7.50$.

又假定甲、乙两车间生产的生成物浓度均服从正态分布,且假定它们的方差相等. 试问甲车间在添加催化剂后生成物的浓度是否高于乙车间的生成物浓度?($\alpha=0.05$)

11. 某种导线要求其电阻的标准差不得超过 0.005 Ω,今在生产的一批导线中抽取样品 9 根,测得 $s=0.007$ Ω,设总体服从正态分布,问在 $\alpha=0.05$ 下,能认为这批导线的标准差显著偏大吗?

12. 某水厂在对天然水技术处理前后分别取样,分析其所含杂质(单位:mg/L)分别为

处理前(X):0.19,0.18,0.21,0.30,0.66,0.42,0.08,0.12,0.30,0.27;

处理后(Y):0.15,0.13,0.00,0.07,0.24,0.24,0.19,0.04,0.08,0.20,0.12.

假定技术处理前后水中杂质 X,Y 依次服从正态分布 $N(\mu_1,\sigma_1^2)$ 及 $N(\mu_2,\sigma_2^2)$,且方差相等.试在显著性水平 $\alpha=0.05$ 下考察下列问题:

(1) 技术处理前后水中杂质有无显著变化;

(2) 对水进行技术处理后,其所含杂质是否有明显降低.

13. 某化工厂为了提高某种化学药品的得率,提出了两种方案,为了研究哪一种方案好,分别用两种工艺各进行了 10 次试验,数据分别如下:

方案甲得率(%):68.1,62.4,64.3,64.7,68.4,66.0,65.5,66.7,67.3,66.2;

方案乙得率(%):69.1,71.0,69.1,70.0,69.1,69.1,67.3,70.2,72.1,67.3.

假设该药品的得率服从正态分布,问方案乙是否比方案甲显著提高得率?($\alpha=0.01$)

提 高 题

1. 设某指标总体 $X \sim N(\mu, \sigma^2)$，已知 $\sigma = 3.6$，对 μ 作双侧假设检验：
$$H_0: \mu = \mu_0, H_1: \mu \neq \mu_0.$$
若取接受域为 $(67, 69)$，试问当 $\mu_0 = 68, n = 36$ 时，犯两类错误的概率是多少？

2. 设 $X_1, X_2, \cdots, X_n$ 是来自正态总体 $N(\mu, \sigma^2)$ 的简单随机样本，其中参数 μ, σ^2 未知，记
$$\overline{X} = \frac{1}{n} \sum_{i=1}^{n} X_i, \quad Q^2 = \sum_{i=1}^{n} (X_i - \overline{X})^2,$$
则假设 $H_0: \mu = 0$ 的 t 检验使用的统计量 $t = $ _____.

重点与难点分析

一、重点解析

1. 显著性检验的基本思想.

依据小概率原理,即小概率事件 $A(P(A)=\alpha$,一般 $\alpha=0.05,0.025,0.01$,称 α 为假设检验的显著水平)在一次试验中不可能发生原理,应用数理统计反证法,在待检假设(也称原假设) H_0 成立的条件下,事件 A 为小概率事件($P(A)=\alpha$ 事先给定). 如果一次实验(一次抽样)中事件 A 发生了,依小概率原理,A 不是小概率事件,因此 H_0 不成立;否则,可以认为 H_0 成立.

2. 假设检验的步骤.

(1) 依题意,建立原假设 H_0(对立假设为 H_1).

(2) 取适当的统计量 $f(X_1,X_2,\cdots,X_n)$,在 H_0 成立的条件下,$f(X_1,X_2,\cdots,X_n)$ 的分布为已知. 选用统计量的规则,可以编成以下三句顺口溜:(对于 μ 的估计或检验)已知(方差 σ^2 用)Z;未知(方差 σ^2 用)T,(不论 μ 是否已知而检验 σ^2)方差皆以 χ^2 为宜;F 仅适方差比 $\left(\dfrac{\sigma_1^2}{\sigma_2^2}\right)$.

(3) 在给定显著性水平 α 下,确定拒绝域 $W_R: P\{f(X_1,X_2,\cdots,X_n)\in W_R|H_0\}=\alpha$.

以上3条为假设检验的理论准备,以下则为具体的操作.

(4) 由一次抽样结果:$x_1,x_2,\cdots,x_n$(样本值),计算 $f(x_1,x_2,\cdots,x_n)$ 的值.

(5) 下结论:若 $f(x_1,x_2,\cdots,x_n)\in W_R$,则拒绝原假设 H_0;否则,只能接受 H_0. 在理论准备部分,关键是 W_R 的建立.

3. 假设检验中可能发生的两类错误.

第一类错误——弃真错误. 犯此类错误的概率为
$$W_R: P\{f(X_1,X_2,\cdots,X_n)\in W_R|H_0\}=\alpha(此时显著).$$

第二类错误——取伪错误. 犯此类错误的概率为
$$W_R: P\{f(X_1,X_2,\cdots,X_n)\in W_R|H_1\}=\beta(难以求出).$$

4. 单个正态总体 $X\sim N(\mu,\sigma^2)$ 的均值和方差的假设检验.

(1) 选择原假设和备择假设的一般原则.

① 若目的是希望从样本观测值提供的信息,对某个陈述取得强有力的支持,则应该将这一陈述的否定作为原假设,而把这一陈述的本身作为备择假设.

② 将过去资料所提供的论断作为原假设 H_0.

③ 在实际问题中,若要求提出的新方法(新材料、新工艺、新配方等)是否比原方法好,往往将"原方法不比新方法差"取为原假设,而将"新方法优于原方法"取为备择假设.

④ 只提出一个假设,且统计检验的目的仅仅是为了判别这个假设是否成立,而并不同时研究其他假设,此时直接取该假设为原假设 H_0 即可.

(2) 备择假设与拒绝域的关联.

对于备择假设 H_1 的关系式中的同一个符号("≠"">"或"<"),不论原假设 H_0 的关系式中的符号仅为等号,还是含有大于或小于号,皆"等价",即在给定显著水平 α 的条件下,其

拒绝域(或接受域)是相同的. 因而, 拒绝域(或接受域)直接与备择假设相关联, 尤其是单侧假设检验的拒绝域表示式中的不等号与备择假设中的不等号同向.

(3) 检验假设必须明确的几个问题.

① 在均值(或均值差)与方差(或方差比)的各类参数中是要求对哪一参数作统计推断.

② 另一类参数是已知还是未知.

③ 宜选哪种统计量及它服从何种分布.

④ 对于假设检验, 直接将其相应统计量的观察值与临界值比较即可.

5. 两个正态总体的假设检验.

两个正态总体的均值差的假设检验, 常见的有 σ_1^2 与 σ_2^2 已知及 σ_1^2, σ_2^2 未知但相等这两种情形. 但当两个正态总体的均值 μ_1 与 μ_2 及方差 σ_1^2 与 σ_2^2 皆未知, 且需(同时)检验假设 $\mu_1 = \mu_2$ 及 $\sigma_1^2 = \sigma_2^2$ 时, 常要先检验假设 $\sigma_1^2 = \sigma_2^2$ (因为用 F 检验法对假设 $\sigma_1^2 = \sigma_2^2$ 做检验, 并不需要预先知道两均值是否相等), 然后在假设 $\sigma_1^2 = \sigma_2^2$ 被接受的条件下, 才可以用 t 检验法对假设 $\mu_1 = \mu_2$ 进行检验.

二、综合例题

例 1 某工厂厂方声称, 本厂生产的某型号的电冰箱平均每台日消耗的电能不会超过 0.8 W. 现随机抽查 16 台电冰箱, 发现它们日消耗电能的平均值为 0.92 W, 而由这 16 个样本算出的标准差为 0.32 W. 假设该种型号电冰箱消耗的电能 X 服从正态分布 $N(\mu, \sigma^2)$, 问根据这一抽查结果, 能否相信厂方的说法？($\alpha = 0.05$)

解 本例为(正态总体)方差 σ^2 未知, 关于均值 μ 的单侧检验问题.

(1) 相信厂方的说法, 那么应作假设

$$H_0: \mu \leq 0.8, H_1: \mu > 0.8.$$

因为方差 σ^2 未知, 故选取统计量 $T = \dfrac{\overline{X} - \mu_0}{S/\sqrt{n}}$, 拒绝域为 $t > t_\alpha(n-1)$.

已知 $n = 16, \bar{x} = 0.92, s = 0.32$. 又取 $\alpha = 0.05$ 时, 知 $t_{0.05}(15) = 1.753$. 从而, 可计算得 $t = \dfrac{0.92 - 0.8}{0.32/\sqrt{16}} = 1.5$, 即知 $t < t_{0.05}(15)$. 所以, 应接受 H_0, 即没有理由否定厂方的断言.

(2) 若将厂方断言的相反方面作原假设, 则应检验假设

$$H_0: \mu \geq 0.8, H_1: \mu < 0.8.$$

统计量同(1), 而拒绝域则变为 $t < -t_{0.05}(15)$. 因 $t = 1.5 > -1.753 = -t_{0.05}(15)$, 从而应接受 H_0, 即怀疑厂方的断言.

说明 本例对同一个统计量的相应观察值($t = 1.5$), 却因原假设的不同(即问题侧重点不同), 而得到截然相反的结论. 这正是"举证倒置"所产生的效应. 它反映了看问题着眼点的重要性. 当将"厂方的断言"作为原假设时, 是根据厂方以往的表现与信誉, 对其断言比较信任, 只有很不利于它的观察结果, 才能改变人们原本的想法, 因而难以拒绝这个断言. 反之, 若把"厂方的断言不正确"作为原假设, 则表明人们一开始便对该厂产品持怀疑态度, 只有很有利于该厂的观察结果, 才能改变人们的看法. 因此, 在所得观察数据非决定性地偏于一方时, 人们看待问题的着眼点往往决定了所下的结论. 知道这一点, 有利于人们对假设检验思想的认识与理解.

例 2 某化工厂为了提高某种化学药品的得率, 提出了两种工艺方案, 为了研究哪一种

方案好,分别用两种工艺各进行了 10 次试验,数据分别如下:

方案甲得率(%):68.1,62.4,64.3,64.7,68.4,66.0,65.5,66.7,67.3,66.2;

方案乙得率(%):69.1,71.0,69.1,70.0,69.1,69.1,67.3,70.2,70.1,67.3.

假设该药品的得率服从正态分布,问方案乙是否能比方案甲显著提高得率?($\alpha=0.01$)

解 首先作检验假设

$$H_0:\sigma_1^2=\sigma_2^2, H_1:\sigma_1^2\neq\sigma_2^2.$$

因 μ_1 与 μ_2 未知,故选统计量

$$F=\frac{S_1^2/\sigma_1^2}{S_2^2/\sigma_2^2}\sim F(n_1-1,n_2-1),$$

计算得 $\bar{x}_1=65.96, \bar{x}_2=69.43, s_1^2=3.3516, s_2^2=2.2246.$

因此,

$$F=\frac{s_1^2}{s_2^2}=\frac{3.3516}{2.2246}\approx 1.51.$$

查 F 分布表,得 $F_{0.005}(9,9)=6.51$,于是得

$$F_{0.995}(9,9)=\frac{1}{6.54}\approx 0.1529.$$

因为 $0.1529<1.51<6.54$,从而接受原假设 $H_0:\sigma_1^2=\sigma_2^2$.

再作检验假设

$$H_0:\mu_1=\mu_2, H_1:\mu_1<\mu_2.$$

对于 $\alpha=0.01$,查 t 分布表,得 $t_{0.01}(18)=2.5524$,拒绝域为 $t<-2.5524$.

由样本可算得

$$t=\frac{65.96-69.43}{\sqrt{\frac{9\times(3.3516+2.246)}{18}}\sqrt{\frac{1}{5}}}=-4.6469,$$

因 $t=-4.6469<-2.5524$,故拒绝原假设接受备择假设,认为采用方案乙可比方案甲提高得率.

综 合 题

1. 在20世纪70年代后期人们发现,在酿造啤酒时,在麦芽干燥过程中形成致癌物质亚硝基二甲胺(NDMA).到了20世纪80年代初期,开发了一种新的麦芽干燥过程.下面给出分别在新、老两种过程中形成的NDMA含量(以10亿份中的份数计).

老过程	6	4	5	5	6	5	5	6	4	6	7	4
新过程	2	1	2	2	1	0	3	2	1	0	1	3

设两个样本分别来自正态总体,且两总体的方差相等,两样本独立,分别以 μ_1, μ_2 记对应于老、新过程的总体的均值,试检验假设(取 $\alpha=0.05$)
$$H_0: \mu_1-\mu_2=2, H_1: \mu_1-\mu_2>2.$$

2. 在一批灯泡中抽取300只做使用寿命的试验,其结果如下:

使用寿命 t/h	$t<100$	$100 \leqslant t<200$	$200 \leqslant t<300$	$t \geqslant 300$
灯泡数/只	121	78	43	58

取 $\alpha=0.05$,试检验假设:
H_0: 灯泡的使用寿命服从指数分布
$$f(t)=\begin{cases} 0.005e^{-0.005t}, & t \geqslant 0, \\ 0, & t<0. \end{cases}$$

参考答案

基础题

1. 当 $\alpha_1=0.05$ 时,该批零件的长度不符合产品组合要求;当 $\alpha_2=0.01$ 时,该批零件的长度符合产品组合要求. 2. 可以认为这次考试全体考生的平均成绩为 70 分. 3. 拒绝 H_0,认为这批电机使用寿命的波动性较以往的有显著变化. 4. 没有显著变化. 5. 没有显著差异. 6. 没有显著差异. 7. 不可以. 8. 不显著. 9. 可以认为平均每袋盐的净重为 500g,即机器包装没有产生系统误差;但其方差超过 10^2,即包装机工作虽然没有系统误差,但是不够稳定. 10. 是. 11. 能. 12. (1) 有了显著的变化. (2) 有明显的降低. 13. 方案乙比方案甲显著提高了得率.

提高题

1. $\alpha = P\{$弃真错误$\} = P\{\overline{X}<67\}+P\{\overline{X}>69\} \approx 0.095$;$\beta = P\{$取伪错误$\} = P\{67<\overline{X}<69\} \approx 0.0475$.

2. $\dfrac{\overline{X}}{Q}\sqrt{n(n-1)}$.

综合题

1. 拒绝 H_0,即认为新过程中形成的 NDMA 含量少于老过程. 2. 接受 H_0,即认为灯泡的使用寿命服从指数分布.

概率论期末模拟试卷一

题号	一	二	三	四	总分
得分					

一、填空题（每空 2 分，共 20 分）

1. 设 A,B 为随机事件，$P(A)=\dfrac{1}{2}$，$P(B)=\dfrac{1}{3}$，则当 A,B 互斥时，$P(\overline{A}B)=$ _____；当 $B\subset A$ 时，$P(\overline{A}B)=$ _____；当 $P(AB)=\dfrac{1}{6}$ 时，$P(\overline{A}B)=$ _____，$P(A\cup B)=$ _____.

2. 4 个人独立地猜一谜语，若他们能够猜对的概率都是 $\dfrac{1}{4}$，则此谜语被猜对的概率是 _____.

3. 设随机变量 X 的分布函数在数轴上某区间的表达式为 $\dfrac{1}{1+x^2}$，而在其余部分为常数，试写出此分布函数的完整表达式：

$$F_X(x)=\begin{cases}\dfrac{1}{1+x^2}, & \text{_____}, \\ \text{_____}, & \text{_____}.\end{cases}$$

4. 若随机变量 $X\sim N(3,9)$，且 $P\{X<a\}=0.9$，则 $a=$ _____.（$\Phi(1.28)=0.8997$）

5. 设随机变量 X 与 Y 相互独立，且 $D(X)=3$，$D(Y)=5$，则 $D(2X-Y)=$ _____.

二、选择题（每题 4 分，共 12 分）

1. 假设事件 A 和 B 满足 $P(B|A)=1$，则 （   ）
   A. A 是必然事件
   B. $P(B|\overline{A})=0$
   C. $A\supset B$
   D. $A\subset B$

2. 设 X,Y 是相互独立的随机变量，其分布函数分别为 $F_X(x),F_Y(y)$，则 $Z=\min(X,Y)$ 的分布函数是 （   ）
   A. $F_Z(z)=F_X(z)$
   B. $F_Z(z)=1-[1-F_X(z)][1-F_Y(z)]$
   C. $F_Z(z)=F_Y(z)$
   D. $F_Z(z)=\min\{F_X(z),F_Y(z)\}$

3. 离散型随机变量 X 的概率分布为 $P\{X=k\}=A\lambda^k(k=1,2,\cdots)$ 的充要条件是（   ）
   A. $\lambda=(1+A)^{-1}$ 且 $A>0$
   B. $A=1-\lambda$ 且 $0<\lambda<1$
   C. $A=\lambda^{-1}-1$ 且 $\lambda<1$
   D. $A>0$ 且 $0<\lambda<1$

三、计算题(共 46 分)

1. (10 分) 设随机变量 (X,Y) 的联合密度函数为
$$f(x,y)=\begin{cases} A, & 0<x<2, |y|<x, \\ 0, & \text{其他}. \end{cases}$$
(1) 求常数 A;
(2) 求条件密度函数 $f_{Y|X}(y|x)$;
(3) 讨论 X 与 Y 的相关性.

2. (12 分) 设随机变量 X 服从均匀分布 $U(0,1)$, Y 服从指数分布 $E(1)$, 且它们相互独立, 试求 $Z=2X-Y$ 的密度函数 $f_Z(z)$.

3.（12分）设二维随机变量(X,Y)在区域$D=\{(x,y)|0<x<1,|y|<x\}$内服从均匀分布，求：

(1) 关于X,Y的边缘概率密度；

(2) 概率$P\{X+Y\leqslant 1\}$.

4.（12分）设随机变量X与Y相互独立，X服从正态分布$N(0,\sigma^2)$，Y服从正态分布$N(0,\sigma^2)$，又设$\xi=\alpha X+\beta Y$，$\eta=\alpha X-\beta Y$（α,β为不相等的常数）.

(1) 试求$E(\xi),E(\eta),D(\xi),D(\eta),\rho_{\xi\eta}$；

(2) 问α与β满足什么条件时，ξ与η不相关？

四、应用题(共 22 分)

1. (10 分) 某厂卡车运送防"非典"用品下乡,顶层装 10 个纸箱,其中 5 箱民用口罩、2 箱医用口罩、3 箱消毒棉花.到目的地时发现丢失 1 箱,但不知丢失的是哪一箱.现从剩下的 9 箱中任意打开 2 箱,结果都是民用口罩,求丢失的一箱也是民用口罩的概率.

2. (12 分) 某车间有同型号机床 200 部,每部开动的概率为 0.7,假定各机床开、关是独立的,开动时每部要消耗电能 15 个单位,问电厂最少要供应这个车间多少电能,才能以 95% 的概率保证不因供电不足而影响生产?($\Phi(1.6449)=0.95$)

概率论期末模拟试卷二

题号	一	二	三	四	总分
得分					

一、填空题(每空 2 分,共 16 分)

1. 设 A,B 是两个事件,$P(A)=0.5$,$P(A-B)=0.2$. 若 $\bar{B}$ 表示 B 的对立事件,则 $P(\overline{AB})=$_____, $P(B|A)=$_____.

2. 设随机变量 $X \sim N(2,4^2)$,则 $E(-2X+3)=$_____, 方差 $D(-2X+3)=$_____.

3. 设随机变量 X 服从参数为 $\lambda (\lambda>0)$ 的指数分布,即 $f(x)=\begin{cases} \lambda e^{-\lambda x}, & x>0, \\ 0, & x \leqslant 0, \end{cases}$ 则 $P\{X>E(X)\}=$_____.

4. 设随机变量 X 服从参数为 n,p 的二项分布,且已知 $E(X)=2.4$,$D(X)=1.92$,则此二项分布中的参数 $n=$_____, $p=$_____.

5. 设二维随机变量 (X,Y) 的联合概率密度为

$$f(x,y)=\begin{cases} c\sin(x+y), & 0 \leqslant x,y \leqslant \dfrac{\pi}{4}, \\ 0, & \text{其他}, \end{cases}$$

则系数 $c=$_____.

二、选择题(每题 3 分,共 9 分)

1. 设 A,B 为两个随机事件,且 $P(A)=0.8$,$P(B)=0.7$,$P(A|B)=0.8$,则下列结论正确的是 ( )

   A. A 与 B 独立
   B. A 与 B 互斥(互不相容)
   C. $B \supset A$
   D. $P(A+B) = P(A)+P(B)$

2. 设二维随机变量 (X,Y) 的联合概率密度是

$$f(x,y)=\begin{cases} \dfrac{1}{\pi}, & x^2+y^2 \leqslant 1, \\ 0, & \text{其他}, \end{cases}$$

则 X 与 Y 为 ( )

   A. 不独立同分布的随机变量
   B. 独立但不同分布的随机变量
   C. 不独立但同分布的随机变量
   D. 不独立也不同分布的随机变量

3. 设 A 和 B 是任意两个不相容的事件,并且 $P(A) \neq 0$,$P(B) \neq 0$,则下列结论肯定正确的是 ( )

   A. $\bar{A}$ 与 $\bar{B}$ 不相容
   B. $\bar{A}$ 与 $\bar{B}$ 相容
   C. $P(AB)=P(A)P(B)$
   D. $P(A-B)=P(A)$

三、计算题(共 55 分)

1. (10 分) 设连续型随机变量 X 的概率密度为

$$f(x) = \begin{cases} \dfrac{a}{\sqrt{1-x^2}}, & -1 < x < 1, \\ 0, & \text{其他}. \end{cases}$$

试求:(1) 系数 a;

(2) X 落在区间 $(-0.5, 0.5)$ 内的概率;

(3) X 的分布函数.

2. (15 分) 设二维随机变量 (X, Y) 的联合概率密度为

$$f(x, y) = \begin{cases} 6x, & 0 < x < y < 1, \\ 0, & \text{其他}. \end{cases}$$

求:(1) X, Y 的边缘密度函数;

(2) 当 $X = \dfrac{1}{3}$ 时,Y 的条件密度函数 $f_{Y|X}\left(y \mid X = \dfrac{1}{3}\right)$;

(3) $P\{X + Y \leqslant 1\}$.

3. (15分) 设 X 和 Y 是两个独立的随机变量,X 在 $[0,1]$ 上服从均匀分布,Y 的概率密度为

$$f_Y(y)=\begin{cases} \dfrac{1}{2}e^{-\frac{y}{2}}, & y>0, \\ 0, & y\leqslant 0. \end{cases}$$

(1) 求 X 和 Y 的联合概率密度;

(2) 设含有 t 的二次方程为 $t^2+2Xt+Y=0$,试求 t 有实根的概率.

4. (15分) 设二维随机变量 (X,Y) 的联合概率密度为

$$f(x,y)=\begin{cases} 1, & (x,y)\in G, \\ 0, & 其他, \end{cases}$$

其中,G 是由 x 轴、y 轴及直线 $2x+y=2$ 所围成的闭区域.

试求 $E(X),E(Y),D(X),D(Y),\mathrm{Cov}(X,Y),\rho_{XY}$,并考察 X 与 Y 的独立性.

四、应用题(每题 10 分,共 20 分)

1. 已知一批产品中 96% 是合格品. 检查产品时,合格品被误认为是次品的概率是 0.02,次品被误认为是合格品的概率是 0.05. 求在检查后被认为是合格品的产品确实是合格品的概率.

2. 一部件包括 10 个部分,每部分的长度是一个随机变量,它们相互独立,且服从同一分布,其数学期望为 2 mm,均方差为 0.05 mm. 规定各部分总长度为 (20 ± 0.1) mm 时产品合格,试求产品合格的概率.

概率论期末模拟试卷三

题号	一	二	三	四	总分
得分					

一、填空题(每空 2 分,共 16 分)

1. 假设 $P(A)=0.3$,$P(A\cup B)=0.7$,那么:(1) 若 A 与 B 互不相容,则 $P(B)=$ _____;(2) 若 A 与 B 相互独立,则 $P(B)=$ _____.

2. 设随机变量 X 的分布律为

X	-1	0	1
p	0.2	0.4	0.4

则 $E(X)=$ _____,$D(X)=$ _____.

3. 甲、乙两人独立地对同一目标各射击 1 次,其命中率分别为 0.7 和 0.6,则目标被击中的概率为_____.

4. 已知随机变量 X 的概率密度函数为 $f(x)=ae^{-|x|}$,$-\infty<x<+\infty$,则 $a=$ _____,X 的分布函数为_____.

5. 已知随机变量 $X\sim N(-3,1)$,$Y\sim N(2,1)$,且 X,Y 相互独立,设随机变量 $Z=X-2Y+7$,则 $Z\sim$ _____.

二、选择题(每题 3 分,共 6 分)

1. 若 $f(x)=\sin x$ 可以是随机变量 X 的概率密度,则随机变量 X 的可能值充满的区间是 ( )

 A. $[0,\pi]$ B. $\left[0,\dfrac{3\pi}{2}\right]$

 C. $\left[-\dfrac{\pi}{2},\dfrac{\pi}{2}\right]$ D. $\left[0,\dfrac{\pi}{2}\right]$

2. 设随机变量 X,Y 相互独立,$X\sim N(0,1)$,$Y\sim N(1,1)$,则 ( )

 A. $P\{X+Y\leqslant 0\}=\dfrac{1}{2}$ B. $P\{X+Y\leqslant 1\}=\dfrac{1}{2}$

 C. $P\{X-Y\leqslant 0\}=\dfrac{1}{2}$ C. $P\{X-Y\leqslant 1\}=\dfrac{1}{2}$

三、计算题(共 53 分)

1. (8 分) 已知二维随机变量 (X,Y) 的联合分布律如下：

X \ Y	1	2	3
1	a	$\frac{1}{9}$	c
2	$\frac{1}{9}$	b	$\frac{1}{3}$

(1) 求 a,b,c 三者之间的关系；

(2) 若 X 与 Y 独立，求 a,b,c 的值；

(3) 计算概率 $P\{X=Y\}$.

2. (15 分) 连续型随机变量 X 的概率密度为

$$f(x)=\begin{cases} ax^k, & 0<x<1, \\ 0, & \text{其他}, \end{cases}$$

其中 $k,a>0$. 又知 $E(X)=0.75$. 试求：

(1) 待定系数 a,k；

(2) X 的分布函数；

(3) X 落在区间 $\left(\frac{1}{2},1\right)$ 内的概率；

(4) $D(X)$.

3.（15分）设二维随机变量(X,Y)的联合概率密度为
$$f(x,y)=\begin{cases}1, & -x<y<x, 0<x<1, \\ 0, & \text{其他}.\end{cases}$$
试求 $E(X), E(Y), \text{Cov}(X,Y)$.

4.（15分）设随机变量 X 服从正态分布 $N(-2, 3^2)$.
(1) 试求 $P\{-2<X\leqslant 1\}, P\{|X+2|>6\}$;
(2) 确定常数 a, 使得 $P\{X>a\}=P\{X\leqslant a\}$;
(3) 设 b 满足 $P\{X>b\}\geqslant 0.6915$, 问 b 至多为多少?

四、应用题(共 25 分)

1. (10 分)甲、乙、丙三位同学同时独立参加概率论考试,不及格的概率分别为 0.4, 0.3, 0.5.

(1) 求恰有两位同学不及格的概率;

(2) 如果已经知道这三位同学中有两位不及格,求其中一位是乙的概率.

2. (15 分)据以往经验,某种电器元件的使用寿命服从均值为 100 h 的指数分布,现随机地从中取 16 只,设它们的使用寿命是相互独立的,求这 16 只元件的使用寿命的总和大于 1920 h 的概率.($\Phi(0.8)=0.7881$)

概率论期末真题

题号	一	二	三	四
得分				

一、填空题（每空3分，共18分）

1. 若事件 A,B 相互独立，且 $P(A)=0.2, P(B)=0.6$，则 $P(A\cup B)=$ _____.

2. 已知随机变量 X 服从参数为1的泊松分布，则 $P\{X=E(X^2)\}=$ _____.

3. 设随机变量 $X\sim N(-3,1), Y\sim N(2,1)$，且 X,Y 相互独立，则 $Z=X-2Y+7\sim$ _____.

4. 设随机变量 X,Y 相互独立，且均服从 $[0,2]$ 上的均匀分布，则 $P\{\max(X,Y)\leqslant 1\}=$ _____.

5. 设随机变量 X 服从参数为 $\frac{1}{2}$ 的指数分布，根据契比雪夫不等式，有 $P\{|X-E(X)|\geqslant 3\}\leqslant$ _____.

6. 在一次晚会上，有 n 对夫妻，现做一游戏，若将男士与女士随机配对，则平均有 _____ 对夫妻配成对.

二、选择题（每题3分，共12分）

1. 设事件 A,B 互不相容，则 （ ）
   A. $P(\overline{AB})=0$
   B. $P(AB)=P(A)P(B)$
   C. $P(\overline{A})=1-P(B)$
   D. $P(\overline{A}\cup\overline{B})=1$

2. 设 $X\sim N(10,\sigma^2)$，则随着 σ 的增大，$P\{|X-10|\leqslant\sigma\}$ （ ）
   A. 单调增加
   B. 保持不变
   C. 增减不定
   D. 单调减少

3. 设 X 的概率密度为 $f_X(x)$，则 $Y=-3X$ 的概率密度 $f_Y(y)$ 为 （ ）
   A. $3f_X(-3y)$
   B. $\frac{1}{3}f_X(-3y)$
   C. $\frac{1}{3}f_X\left(-\frac{1}{3}y\right)$
   D. $-\frac{1}{3}f_X\left(-\frac{1}{3}y\right)$

4. 设随机变量 X,Y 相互独立，且 $X\sim N(0,1), Y\sim N(1,1)$，则 （ ）
   A. $P\{X+Y\leqslant 1\}=\frac{1}{2}$
   B. $P\{X+Y\leqslant 0\}=\frac{1}{2}$
   C. $P\{X-Y\leqslant 0\}=\frac{1}{2}$
   D. $P\{X-Y\leqslant 1\}=\frac{1}{2}$

三、计算题（共 40 分）

1. （12 分）设 X, Y 是相互独立的随机变量，其概率密度函数分别为

$$f_X(x) = \begin{cases} 1, & 0 \leqslant x \leqslant 1, \\ 0, & \text{其他}, \end{cases} \quad f_Y(y) = \begin{cases} e^{-y}, & y > 0, \\ 0, & \text{其他}. \end{cases}$$

求：(1) (X, Y) 的联合密度函数；
(2) $Z = X + Y$ 的概率密度函数.

2. （12 分）已知随机变量 X_1, X_2, X_3, X_4 独立同分布于 $N(12, 4^2)$，记 $\overline{X} = \frac{1}{4}(X_1 + X_2 + X_3 + X_4)$，求：(1) $\overline{X}$ 的分布；(2) $P\{10 < \overline{X} \leqslant 14\}$；(3) $P\{\overline{X} > 12\}$. ($\Phi(1) = 0.8413$)

3. (16分)设二维随机变量(X,Y)服从区域$D=\{(x,y)|0<x<1,0<y<x\}$上的均匀分布,求:(1) $f_X(x),f_Y(y)$;(2) $\text{Cov}(X,Y)$;(3) ρ_{XY},并讨论X,Y相关性与独立性.

四、应用题(共30分)

1. (10分)三个箱子中,第一个箱子装有4个红球、3个白球,第二个箱子装有3个红球、3个白球,第三个箱子装有3个红球、5个白球,现先任取一箱,再从该箱中任取一球,求:

(1)取出的球是白球的概率;

(2)若取出的是白球,则该球属于第二箱的概率.

2.（10分）某种电子管的使用寿命 X（以 h 计）具有以下概率密度：

$$f(x,y)=\begin{cases} \dfrac{k}{x^2}, & x>1000, \\ 0, & 其他. \end{cases}$$

（1）求系数 k 的值；

（2）现有一大批此种电子管（各电子管损坏与否相互独立），现任取 4 只，问其中至少有 2 只使用寿命大于 1500 h 的概率是多少？

3.（10分）一生产线生产的产品成箱包装,每箱重量是随机的.假设每箱平均重 50 kg,标准差为 5 kg.若用最大载重量为 5 t 的汽车承运,问每辆车最多装多少箱,才能保证不超载的概率不小于 0.9772？（$\Phi(2)=0.9772$）

概率统计期末模拟试卷一

题号	一	二	三	四	总分
得分					

一、填空题(每空 2 分,共 12 分)

1. 设 $P(A_1)=P(A_2)=P(A_3)=\dfrac{1}{3}$,且 A_1,A_2,A_3 相互独立,则 A_1,A_2,A_3 恰好出现一个的概率为_____.

2. 袋中有 50 个乒乓球,其中 20 个是黄球,30 个是白球,今有两人依次随机地从袋中各取 1 个球,取后不放回,则第二个人取得黄球的概率是_____.

3. 设随机变量 X 服从参数为 $(2,p)$ 的二项分布,随机变量 Y 服从参数为 $(3,p)$ 的二项分布,若 $P\{X\geqslant 1\}=\dfrac{5}{9}$,则 $P\{Y\geqslant 1\}=$_____.

4. 已知随机变量 X 的概率密度函数为 $f(x)=\dfrac{1}{2}\mathrm{e}^{-|x|}$,$-\infty<x<+\infty$,则 X 的分布函数为_____.

5. 已知 $\Phi(0)=\dfrac{1}{2}$,$X\sim N(3,2^2)$,则使 $P\{X>c\}=P\{X\leqslant c\}$ 成立的 $c=$_____.

6. 设平面区域 D 由曲线 $y=\dfrac{1}{x}$ 及直线 $y=0$,$x=1$,$x=\mathrm{e}^2$ 所围成,二维随机变量 (X,Y) 在区域 D 上服从均匀分布,则 (X,Y) 关于 X 的边缘概率密度在 $x=2$ 处的值为_____.

二、选择题(每题 3 分,共 6 分)

1. 设 $F_1(x)$ 与 $F_2(x)$ 分别为随机变量 X_1 与 X_2 的分布函数,为使 $F(x)=aF_1(x)-bF_2(x)$ 是某一随机变量的分布函数,在下列给定的各组数值中应取 ( )

   A. $a=\dfrac{3}{5},b=-\dfrac{2}{5}$ B. $a=\dfrac{2}{3},b=\dfrac{2}{3}$

   C. $a=-\dfrac{1}{2},b=\dfrac{3}{2}$ D. $a=\dfrac{1}{2},b=-\dfrac{3}{2}$

2. 设样本 $X_1,X_2,\cdots,X_n$ 来自总体 X,$E(X)=\mu$,$D(X)=\sigma^2$,则有 ( )

   A. $X_i(1\leqslant i\leqslant n)$ 不是 μ 的无偏估计

   B. $\overline{X}$ 是 μ 的无偏估计

   C. X_i^2 是 σ^2 的无偏估计

   D. $\overline{X}^2$ 是 σ^2 的无偏估计

三、计算题（共 44 分）

1. （8 分）设二维随机变量 (X,Y) 的联合密度函数为
$$f(x,y)=\begin{cases}2e^{-2x-y}, & x>0,y>0,\\ 0, & \text{其他}.\end{cases}$$

求 $Z=\max(X,Y)$ 的密度函数.

2. （8 分）设连续型随机变量 X 的分布函数为
$$F(x)=\begin{cases}0, & x<0,\\ Ax^2, & 0\leqslant x<1,\\ 1, & x\geqslant 1.\end{cases}$$

试求：(1) 系数 A；
(2) X 落在区间 $(0.3,0.7)$ 内的概率；
(3) X 的分布密度.

3. （10 分）已知随机变量 (X,Y) 服从二维正态分布，并且 X 和 Y 分别服从正态分布 $N(1,3^2)$ 和 $N(0,4^2)$，X 与 Y 的相关系数 $\rho_{XY}=-\dfrac{1}{2}$，设 $Z=\dfrac{X}{3}+\dfrac{Y}{2}$.

(1) 求 Z 的数学期望 $E(Z)$ 和方差 $D(Z)$；
(2) 求 X 与 Z 的相关系数 ρ_{XZ}；
(3) 问 X 与 Z 是否相互独立？为什么？

4. （8分）设 X,Y 是相互独立的随机变量，其概率密度分别为

$$f_X(x)=\begin{cases}2x, & 0\leqslant x\leqslant 1,\\ 0, & \text{其他},\end{cases} \quad f_Y(y)=\begin{cases}e^{-(y-5)}, & y>5,\\ 0, & y\leqslant 5.\end{cases}$$

求 $E(XY)$.

5. （10分）已知随机变量 X 的概率密度为

$$f(x)=\begin{cases}(\theta+1)(x-5)^\theta, & 5<x<6,\\ 0, & \text{其他},\end{cases}$$

其中 $\theta>0$ 为未知参数，求 θ 的矩估计量与极大似然估计量.

四、应用题（共 38 分）

1. （10分）某厂生产某产品 1000 件，其价格为 $P=2000$ 元/件，其使用寿命 X（单位：天）的概率密度为

$$f(x)=\begin{cases}\dfrac{1}{20000}e^{-\frac{1}{20000}(x-365)}, & x\geqslant 365,\\ 0, & x<365.\end{cases}$$

现由某保险公司为其质量进行保险：厂方向保险公司交保费 P_0 元/件，若每件产品的使用寿命小于 1095 天（3 年），则由保险公司按原价赔偿 2000 元/件. 试由中心极限定理计算：

(1) 若保费 $P_0=100$ 元/件，保险公司亏本的概率；

(2) 使保险公司亏本的概率不超过 1% 的保费 P_0.

($e^{-0.0365}\approx 0.96, \Phi(1.45)=0.926, \Phi(1.61)=0.946, \Phi(2.33)=0.99$)

2. (10分)某冶金研究者对铁的熔点做了4次实验,结果分别为1550 ℃,1540 ℃,1530 ℃,1560 ℃,试在 $\alpha=0.05$ 下,求总体均值 μ 的置信区间.(设熔点服从正态分布, $t_{0.025}(3)=3.182$)

3. (10分)从一批灯泡中抽取50个灯泡的使用寿命(单位:h)的随机样本,算得样本平均数 $\bar{x}=1900$ h,样本标准差 $s=490$ h,以 $\alpha=1\%$ 的水平,检验整批灯泡的平均使用寿命是否为2000 h.(已知当 $n>45$ 时, $t_\alpha(n) \approx z_\alpha$,且已知 $z_{0.005}=2.58$)

4. (8分)从分别标有1,2,3,4,5这五个数字的卡片中,无放回地抽取两次,一次取一张,求:
(1) 第一次取到奇数卡片的概率;
(2) 在第一次取到的是偶数卡片的条件下,第二次取到奇数卡片的概率;
(3) 第二次才取到奇数卡片的概率;
(4) 第二次取到奇数卡片的概率.

概率统计期末模拟试卷二

题号	一	二	三	四	总分
得分					

一、填空题（每空2分，共20分）

1. 假设 $P(A)=0.4$，$P(A\cup B)=0.7$，那么：(1)若 A 与 B 互不相容，则 $P(B)=$ _____；(2)若 A 与 B 相互独立，则 $P(B)=$ _____．

2. 有三个箱子，第一个箱子中有4个黑球和1个白球，第二个箱子中有3个黑球和3个白球，第三个箱子中有3个黑球和5个白球．现随机地取一个箱子，再从这个箱子中取出1个球，则这个球为白球的概率为 _____；已知取出的球是白球，则此球属于第二个箱子的概率为 _____．

3. 设随机变量 X 的概率密度为 $f(x)=\begin{cases} 2x, & 0<x<1, \\ 0, & \text{其他}. \end{cases}$ 以 Y 表示对 X 的三次独立重复观察中事件 $\left\{X\leqslant\dfrac{1}{2}\right\}$ 出现的次数，则 $P\{Y=2\}=$ _____．

4. 在 Z 检验时，用统计量 $Z=\dfrac{\overline{X}-\mu_0}{\dfrac{\sigma_0}{\sqrt{n}}}$，若 $H_0:\mu=\mu_0$ 时，用 _____ 检验，它的否定域为 _____；若 $H_0:\mu\geqslant\mu_0$ 时，用 _____ 检验，它的否定域为 _____．

5. 设随机变量 X 服从参数为 λ 的泊松分布，且已知 $E[(X-1)(X-2)]=1$，则 $\lambda=$ _____．

二、选择题（每题3分，共6分）

1. 下列函数可以作为某一随机变量 X 的概率密度的是 （   ）

   A. $f_1(x)=\begin{cases} \sin x, & x\in[0,\pi], \\ 0, & \text{其他} \end{cases}$

   B. $f_2(x)=\begin{cases} \sin x, & x\in\left[0,\dfrac{3\pi}{2}\right], \\ 0, & \text{其他} \end{cases}$

   C. $f_3(x)=\begin{cases} \sin x, & x\in\left[-\dfrac{\pi}{2},\dfrac{\pi}{2}\right], \\ 0, & \text{其他} \end{cases}$

   D. $f_4(x)=\begin{cases} \sin x, & x\in\left[0,\dfrac{\pi}{2}\right], \\ 0, & \text{其他} \end{cases}$

2. 某人射击时，中靶的概率为 $\frac{3}{4}$，若射击直至中靶，则射击次数为 3 的概率为（　　）

A. $\left(\frac{3}{4}\right)^3$　　B. $\left(\frac{3}{4}\right)^2 \times \frac{1}{4}$　　C. $\left(\frac{1}{4}\right)^2 \times \frac{3}{4}$　　D. $\left(\frac{1}{4}\right)^3$

三、计算题（共 28 分）

1. （8 分）已知 X 的概率密度为

$$f(x) = \begin{cases} \dfrac{1}{2\sqrt{x}}, & 0 < x < 1, \\ 0, & 其他. \end{cases}$$

求 X 的分布函数 $F(x)$，并画出 $F(x)$ 的图形．

2. （10 分）设随机变量 X 在 $(0, a)$ 上随机地取值，且服从均匀分布，当观察到 $X = x (0 < x < a)$ 时，Y 在区间 (x, a) 内任一子区间上取值的概率与子区间的长度成正比，求：

(1) (X, Y) 的联合密度函数 $f(x, y)$；(2) Y 的密度函数 $f_Y(y)$．

3. （10 分）设总体 X 的概率密度为

$$f(x; \lambda) = \begin{cases} \lambda \alpha x^{\alpha-1} e^{-\lambda x^{\alpha}}, & x > 0, \\ 0, & x \leqslant 0, \end{cases}$$

其中 $\lambda > 0$ 是未知参数，$\alpha > 0$ 是已知常数，试根据来自总体 X 的简单随机样本 $X_1, X_2, \cdots, X_n$，求 λ 的极大似然估计量 $\hat{\lambda}$．

四、应用题（共 46 分）

1. （8 分）已知在 1000 个灯泡中坏灯泡的个数从 0 到 5 是等可能的.
   （1）求从 1000 个灯泡中任取 100 个灯泡都是好灯泡的概率；
   （2）如果从 1000 个灯泡中任取 100 个灯泡都是好的，求这 1000 个灯泡全是好灯泡的概率.（提示：$\dfrac{900-i}{1000-i} \approx 0.9, i=0,1,\cdots,5$）

2. （8 分）某酒吧柜台前有吧凳 7 张，此时全空着，有 2 个陌生人进来随机入座.
   （1）求这 2 人就座相隔凳子数的分布律和期望；
   （2）若服务员预言这 2 人之间至少相隔 2 张凳子，求服务员预言为真的概率.

3. （10 分）一台设备由三大部件构成，在设备运转中各部件需要调整的概率分别为 0.10，0.20，0.30. 假设各部件的状态相互独立，以 X 表示同时需要调整的部件数，试求 X 的数学期望 $E(X)$ 与方差 $D(X)$.

4. (10分)随机地从A批导线中抽取4根,从B批导线中抽取5根,测得其电阻(单位:Ω)分别为

A批导线:0.143,0.142,0.143,0.137;

B批导线:0.140,0.142,0.136,0.138,0.140.

设测试数据分别服从正态分布 $N(\mu_1,\sigma^2),N(\mu_2,\sigma^2)$,且它们相互独立,又 μ_1,μ_2,σ^2 均未知,试求 $\mu_1-\mu_2$ 的置信度为95%的置信区间. ($t_{0.025}(7)=2.365,t_{0.025}(8)=2.306,t_{0.025}(9)=2.262$)

5. (10分)已知某炼铁厂铁水的含碳量服从正态分布 $N(4.55,0.108^2)$. 现在测定了9炉铁水,其平均含碳量为4.484,如果认为方差没有变化,问是否可以认为现在生产的铁水的平均含碳量仍为4.55? ($\alpha=0.05,\Phi(1.96)=0.975$)

概率统计期末模拟试卷三

题号	一	二	三	四	五	总分
得分						

一、填空题(每空2分,共12分)

1. 设随机事件 A,B 及其和事件 $A \cup B$ 的概率分别为 $0.4, 0.3$ 和 0.6,若 $\bar{B}$ 表示 B 的对立事件,那么积事件 $A\bar{B}$ 的概率 $P(A\bar{B})=$ _____.

2. 设 $P(A)=P(B)=P(C)=\dfrac{1}{4}$,$P(AB)=P(BC)=0$,$P(AC)=\dfrac{1}{8}$,则 A,B,C 三个事件至少出现一个的概率为 _____.

3. 设 $X \sim N(\mu_1,\sigma_1^2)$,$Y \sim N(\mu_2,\sigma_2^2)$,且 X,Y 相互独立,样本方差分别为 S_1^2 和 S_2^2,则在 _____ 的条件下,常用的统计量 $F=$ _____ $\sim F(n_1-1,n_2-1)$.

4. 化简事件算式:$(A+B)(A+\bar{B})(\bar{A}+B)(\bar{A}+\bar{B})=$ _____.

5. 设随机变量 X_1,X_2,X_3 相互独立,其中 X_1 在 $[0,6]$ 上服从均匀分布,X_2 服从正态分布 $N(0,2^2)$,X_3 服从参数为 $\lambda=3$ 的泊松分布,记 $Y=X_1-2X_2+3X_3$,则 $D(Y)=$ _____.

二、选择题(每题3分,共6分)

1. 若两事件 A 和 B 同时出现的概率 $P(AB)=0$,则 ( )
   A. A 和 B 不相容(相斥)
   B. AB 是不可能事件
   C. AB 未必是不可能事件
   D. $P(A)=0$ 或 $P(B)=0$

2. 设随机变量 ξ 和 η 独立同分布,记 $X=\xi-\eta$,$Y=\xi+\eta$,则随机变量 X 与 Y 必然 ( )
   A. 不独立
   B. 独立
   C. 相关系数不为零
   D. 相关系数为零

三、计算题(36分)

1. (8分) 设随机变量 $X \sim N(60,3^2)$,求分点 x_1,x_2 使 X 分别落在 $(-\infty,x_1)$,(x_1,x_2),$(x_2,+\infty)$ 的概率之比为 $3:4:5$.($\Phi(0)=0.500,\Phi(0.21)=0.583,\Phi(0.68)=0.75$)

2. (8分) 设随机变量 X 的密度函数为 $f(x)=Ce^{-\frac{|x|}{a}}(a>0)$.
(1) 试确定常数 C; (2) 求 X 的分布函数; (3) 求 $P\{|X|<2\}$.

3. (10分) 设总体 X 的概率密度为 $f(x)=\begin{cases}(\theta+1)x^{\theta}, & 0<x<1, \\ 0, & \text{其他},\end{cases}$ 其中 $\theta>-1$ 是未知参数, $X_1,X_2,\cdots,X_n$ 是来自总体 X 的一个容量为 n 的简单随机样本. 试分别用矩估计法和极大似然估计法求 θ 的估计量.

4. (10分) 设二维随机变量 (X,Y) 在区域 $D=\{(x,y)|0<x<1,|y|<x\}$ 内服从均匀分布, 求: (1) 关于 X,Y 的边缘概率密度; (2) 概率 $P\{X+Y\leqslant 1\}$.

四、应用题(共 36 分)

1. (8 分)有甲、乙两个口袋,甲袋中盛有两个白球和一个黑球,乙袋中盛有一个白球和两个黑球.现从甲袋中任取一个球放入乙袋,再从乙袋中取出一个球.
   (1) 求取到白球的概率;
   (2) 若发现从乙袋中取出的是白球,问从甲袋中取出放入乙袋的球,黑、白哪种颜色可能性大?

2. (8 分)盒子里装有 3 只黑球、2 只红球、2 只白球,从其中任取 4 只,以 X 表示取到黑球的只数,以 Y 表示取到红球的只数,求 X 和 Y 的联合分布律.

3. (10 分)分别使用金球和铂球测定引力常数(单位:$10^{-11} m^3 \cdot kg^{-1} \cdot s^{-2}$).
   (1) 用金球测定观察值:6.683,6.681,6.676,6.678,6.679,6.672;
   (2) 用铂球测定观察值:6.661,6.661,6.667,6.667,6.664.
   设测定值总体服从正态分布 $N(\mu,\sigma^2)$,μ,σ^2 均为未知.试就(1)(2)两种情况分别求 μ 的置信度为0.9的置信区间.

附表:t 分布表 $P\{t(n) > t_\alpha(n)\} = \alpha$

	$\alpha = 0.05$	$\alpha = 0.1$
$t_\alpha(4)$	2.1318	1.5332
$t_\alpha(5)$	2.0150	1.4759
$t_\alpha(6)$	1.9432	1.4398

4.（10分）要求某种导线的电阻的标准差不得超过 0.005（单位：Ω）.今从生产的一批导线中取样品 9 根,测得 $s=0.007(\Omega)$,设总体服从正态分布,问在 $\alpha=0.05$ 下能否认为这批导线的标准差显著地偏大？

	$\alpha=0.05$	$\alpha=0.95$
$\chi_\alpha^2(8)$	15.507	2.733
$\chi_\alpha^2(9)$	16.919	3.325

五、证明题(10 分)

设事件 A,B,C 同时发生必导致事件 D 发生,证明：
$$P(A)+P(B)+P(C)\leqslant 2+P(D).$$

概率统计期末模拟试卷四

题号	一	二	三	四	总分
得分					

一、填空题(每空 2 分,共 12 分)

1. 掷三颗骰子,至少有出现 6 点的概率为_____.

2. 甲、乙两人投篮,命中率分别为 0.7 与 0.6,每人投 3 次,则甲比乙进球数多的概率是_____.

3. 设随机变量 X 的概率密度为 $f(x)=\begin{cases}\frac{1}{8}x, & 0<x<4,\\ 0, & 其他,\end{cases}$ 对 X 独立观察 3 次,记事件 "$X\leqslant 1$" 出现的次数为 Y,则 $E(Y)=$_____,$D(Y)=$_____.

4. 若随机变量 X 在 $(1,6)$ 上服从均匀分布,则方程 $t^2+Xt+1=0$ 有实根的概率是_____.

5. 设 $X_1,X_2,\cdots,X_n$ 为来自正态总体 $X\sim N(\mu,\sigma^2)$ 的一个简单随机样本,则样本均值 $\overline{X}=\frac{1}{n}\sum_{i=1}^{n}$ 服从_____.

二、选择题(每题 3 分,共 9 分)

1. 袋中有 5 个黑球和 3 个白球,大小相同,一次从中随机摸出 4 个球,其中恰有 3 个白球的概率为 （ ）

   A. $\frac{3}{8}$
   B. $\left(\frac{3}{8}\right)^5\left(\frac{1}{8}\right)$
   C. $\left(\frac{3}{8}\right)^3\left(\frac{1}{8}\right)$
   D. $\frac{5}{C_8^4}$

2. 设 X 是一随机变量,$E(X)=\mu,D(X)=\sigma^2(\mu,\sigma>0$ 均为常数),则对任意常数 C,必有 （ ）

   A. $E(X-C)^2=E(X-\mu)^2$
   B. $E(X-C)^2\geqslant E(X-\mu)^2$
   C. $E(X-C)^2<E(X-\mu)^2$
   D. $E(X-C)^2=E(X^2)-C^2$

3. 设总体 $X\sim N(\mu,\sigma^2)$,其中 σ^2 已知,则总体均值 μ 的置信区间长度 l 与置信度 $1-\alpha$ 的关系是 （ ）

   A. 当 $1-\alpha$ 缩小时,l 缩短
   B. 当 $1-\alpha$ 缩小时,l 增大
   C. 当 $1-\alpha$ 缩小时,l 不变
   D. 以上说法均错

三、计算题（共 30 分）

1. (8 分)设随机变量 X 和 Y 相互独立，且都在区间 $[1,3]$ 上服从均匀分布. 设事件 $A=\{X\leq a\}, B=\{Y>a\}$.

(1) 已知 $P(A\cup B)=\dfrac{7}{9}$，求常数 a；(2) 求 $\dfrac{1}{X}$ 的数学期望.

2. (12 分)设 (X,Y) 的概率密度为 $f(x,y)=\begin{cases}12y^2, & 0\leq y\leq x\leq 1,\\ 0, & \text{其他,}\end{cases}$ 求 $E(X)$, $E(Y)$, $E(XY)$, $E(X^2+Y^2)$.

3. (10 分)设 $\hat{\theta}_1, \hat{\theta}_2$ 是参数 θ 的两个相互独立的无偏估计量，且 $D(\hat{\theta}_1)=2D(\hat{\theta}_2)$. 试求常数 k_1 和 k_2，使 $k_1\hat{\theta}_1+k_2\hat{\theta}_2$ 也是 θ 的无偏估计量，并且使它在所有这样形式的估计量中方差最小.

四、应用题(共 49 分)

1. (8 分)一大批产品的优质率是 30%,每次任取 1 件,连续抽取 5 次,计算取到的 5 件产品中恰有 2 件是优质品的概率.

2. (8 分)一商店经销某种商品,每周进货的数量 X 与顾客对该种商品的需求量 Y 是相互独立的随机变量,且都服从区间 $[10,20]$ 上的均匀分布,商店每售出一单位商品可得利润 1000 元;若需求量超过了进货量,商店可从其他商店调剂供应,这时每单位商品可得利润为 500 元.试计算此商店经销该种商品每周所得利润的期望值.

3. (10 分)已知某种木材横纹抗压力的实验值服从正态分布,对 10 个试件做横纹抗压力试验,得数据(单位:$kg \cdot cm^{-2}$)如下:482,493,457,471,510,446,435,418,394,469.试对该木材平均横纹抗压力进行区间估计.($\alpha=0.05, t_{0.025}(9)=2.262, t_{0.025}(10)=2.2281$)

4. (12 分)按规定,每 100 g 的罐头,番茄汁中维生素 C 的含量不得少于 21 mg,现从某厂生产的一批罐头中任取 17 个,测得维生素 C 的含量(单位:mg)分别为

$$16,22,21,20,23,21,19,15,13,23,17,20,29,18,22,16,25.$$

已知维生素 C 的含量服从正态分布,试以 0.025 的检验水平检验该批罐头的维生素 C 含量是否合格. ($t_{0.025}(16)=2.12$)

5. (11 分)设备零件的重量都是随机变量,它们相互独立,且服从相同的分布,其数学期望为 0.5 kg,均方差为 0.1 kg,问 5000 只这种零件的总重量超过 2510 kg 的概率是多少?

概率统计期末真题一

题号	一	二	三	四	总分
得分					

一、填空题（每空3分，共18分）

1. 某人向同一目标独立重复射击，每次射击命中目标的概率为 $p(0<p<1)$，则此人第4次射击恰好第2次命中目标的概率为_____。

2. 设随机变量 X 与 Y 相互独立，且均服从 $[0,3]$ 上的均匀分布，则 $P\{\max(X,Y)\leqslant 1\}=$ _____。

3. 已知随机变量 X_1 在 $[0,6]$ 上服从均匀分布，$X_2 \sim N(0,4)$，X_3 服从参数为 $\lambda=3$ 的泊松分布，且 X_1,X_2,X_3 相互独立，设随机变量 $Y=X_1-2X_2+3X_3$，则 $D(Y)=$ _____。

4. 在区间 $(0,1)$ 中随机地取两个数，则两数之差的绝对值小于 $\frac{1}{2}$ 的概率为_____。

5. 设 $X_1,X_2,\cdots,X_n,X_{n+1},\cdots,X_{n+m}$ 是来自总体 $N(0,\sigma^2)$ 的容量为 $n+m$ 的样本，则统计量 $U=\dfrac{m\sum\limits_{i=1}^{n}X_i^2}{n\sum\limits_{i=n+1}^{n+m}X_i^2}$ 服从_____分布。（要求写出自由度）

6. 已知 $E(X)=-2, E(Y)=2, D(X)=1, D(Y)=4, \rho_{XY}=-0.5$，则根据切比雪夫不等式，有 $P\{|X+Y|\geqslant 6\}\leqslant$ _____。

二、选择题（每题3分，共12分）

1. 在电路上安装了4个温控器，其显示温度的误差是随机的。在使用过程中，只要有2个温控器显示的温度不低于临界温度 t_0，电炉就断电，以 E 表示事件"电炉断电"，而4个温控器显示的按递增顺序排列的温度值为 $T_{(1)}\leqslant T_{(2)}\leqslant T_{(3)}\leqslant T_{(4)}$，则事件 E 等于 （   ）
   A. $\{T_{(1)}\geqslant t_0\}$ B. $\{T_{(2)}\geqslant t_0\}$ C. $\{T_{(3)}\geqslant t_0\}$ D. $\{T_{(4)}\geqslant t_0\}$

2. 设事件 A 与事件 B 互不相容，则 （   ）
   A. $P(\bar{A}\bar{B})=0$ B. $P(AB)=P(A)P(B)$
   C. $P(\bar{A})=1-P(B)$ D. $P(\bar{A}\cup\bar{B})=1$

3. 设 $F_1(x)$ 与 $F_2(x)$ 分别为随机变量 X_1 与 X_2 的分布函数。为使 $F(x)=aF_1(x)-bF_2(x)$ 是某一随机变量的分布函数，在下列给定的各组数值中应取 （   ）
   A. $a=\dfrac{2}{3}, b=\dfrac{2}{3}$ B. $a=\dfrac{3}{5}, b=-\dfrac{2}{5}$
   C. $a=\dfrac{1}{2}, b=-\dfrac{3}{2}$ D. $a=-\dfrac{1}{2}, b=\dfrac{3}{2}$

4. 设 X_1, X_2, X_3 是来自总体 $N(\mu, 1)$ 的一个容量为 3 的样本，其中 μ 未知，则下列四个 μ 的估计量中最有效的无偏估计量为 （ ）

A. $\hat{\mu}_1 = \frac{1}{3}X_1 + \frac{1}{6}X_2 + \frac{1}{2}X_3$　　　　B. $\hat{\mu}_1 = \frac{1}{4}X_1 + \frac{1}{2}X_2 + \frac{1}{4}X_3$

C. $\hat{\mu}_1 = \frac{1}{3}X_1 + \frac{1}{3}X_2 + \frac{1}{2}X_3$　　　　D. $\hat{\mu}_1 = \frac{1}{4}X_1 + \frac{1}{4}X_2 + \frac{1}{4}X_3$

三、计算题（共 24 分）

1.（14 分）设二维随机变量 (X,Y) 的联合概率密度为 $f(x,y) = \begin{cases} 1, & (x,y) \in G, \\ 0, & 其他, \end{cases}$ 其中 G 是由 x 轴、y 轴及直线 $2x+y=2$ 所围成的闭区域. 试求 $E(X), E(Y), D(X), D(Y)$, $\text{Cov}(X,Y), \rho_{XY}$，并考虑 X 与 Y 的独立性.

2.（10 分）设总体 X 的分布函数为 $F(x;\alpha,\beta) = \begin{cases} 1-\left(\dfrac{\alpha}{x}\right)^\beta, & x > \alpha, \\ 0, & x \leqslant \alpha, \end{cases}$ 其中 $\alpha > 0, \beta > 1$.

(1) 当 $\alpha = 1$ 时，求未知参数 β 的矩估计量；
(2) 当 $\beta = 2$ 时，求未知参数 α 的极大似然估计量.

四、应用题(共 46 分)

1. (8 分)一生产线生产的产品成箱包装,每箱的重量是随机的. 假设每箱平均重 50 kg,标准差为 5 kg. 若用最大载重量为 5 t 的汽车承运,试利用中心极限定理说明每辆车最多可以装多少箱,才能保障不超载的概率大于 0.977. ($\Phi(2)=0.977$,其中 $\Phi(x)$ 是标准正态分布函数)

2. (10 分)设有来自三个地区的各 10 名、15 名和 25 名考生的报名表,其中女生的报名表分别为 3 份、7 份和 5 份. 随机地选取一个地区的报名表,从中先后抽出 2 份.
   (1) 求先抽取的一份是女生的报名表的概率 p;
   (2) 已知后抽到的一份是男生的报名表,求先抽到的一份是女生的报名表的概率 q.

3. (10 分)某种型号的电子管的使用寿命 X(单位:h)的概率密度为
$$f(x)=\begin{cases} \dfrac{k}{x^2}, & x>1000, \\ 0, & 其他, \end{cases}$$
   (1) 求系数 k;
   (2) 现有一大批此种电子管(设各电子管损坏与否相互独立),从中任取 5 只,问其中至少有 2 只使用寿命大于 1500 h 的概率是多少?

4. (8分)已知某种木材横纹抗压力的实验值服从正态分布,任取10个这种木材做横纹抗压力试验得到如下数据(单位:kg/cm²):482,493,457,471,510,446,435,418,394,469.试对该木材平均横纹抗压力进行区间估计.($\alpha=0.05$,$t_{0.025}(9)=2.2622$,$t_{0.025}(10)=2.2281$)

5. (10分)用机器包装食盐,假设每袋盐的净重 X(单位:g)服从正态分布 $N(\mu,\sigma^2)$,规定每袋标准重量为500 g,标准差不能超过10 g.某天开工后,为检验机器工作是否正常,从装好的食盐中随机抽取9袋,测得其净重均值为499 g,标准差为16.03 g.试问这一天包装机工作是否正常?($\alpha=0.05$,$t_{0.025}(8)=2.306$,$t_{0.05}(8)=1.8595$,$\chi^2_{0.025}(8)=17.535$,$\chi^2_{0.05}(8)=15.507$)

概率统计期末真题二

题号	一	二	三	四	总分
得分					

(已知 $t_{0.025}(35)=2.0301$, $t_{0.025}(36)=2.0281$, $t_{0.05}(35)=1.6896$, $t_{0.05}(36)=1.6883$, $\chi^2_{0.05}(19)=30.144$, $\chi^2_{0.95}(19)=10.117$)

一、填空题(每空3分,共15分)

1. 设两两相互独立的三个事件 A,B,C 满足条件：$ABC=\varnothing$，$P(A)=P(B)=P(C)<\frac{1}{2}$，且已知 $P(A\cup B\cup C)=\frac{9}{16}$，则 $P(A)=$ _____.

2. 设随机变量 X 的密度函数量 $f(x)=\begin{cases}Ce^{-\frac{x}{2}}, & x>0 \\ 0, & 其他\end{cases}$，则常数 $C=$ _____.

3. 设随机变量 $X\sim N(2,6)$，且满足 $P\{X<a\}=P\{X\geqslant a\}$，则 $a=$ _____.

4. 设随机变量 X 与 Y 相互独立，且 $X\sim U[0,1]$，$Y\sim E(5)$，则 $E(XY)=$ _____.

5. 设总体 $X\sim N(0,1)$，$X_1,X_2,\cdots,X_6$ 为总体的一个随机样本，令 $Y=(X_1+X_2+X_3)^2+(X_4+X_5+X_6)^2$，则当 $C=$ _____ 时，CY 服从 χ^2 分布.

二、选择题(每题3分,共15分)

1. 假设事件 A 和 B 满足 $P(B|A)=1$，则 ( )
   A. A 是必然事件　　B. $P(B|\bar{A})=0$　　C. $A\supset B$　　D. $A\subset B$

2. 设二维随机变量 (X,Y) 的联合概率密度是 $f(x,y)=\begin{cases}\frac{1}{\pi}, & x^2+y^2\leqslant 1 \\ 0, & 其他\end{cases}$，则随机变量 X 与 Y 为 ( )
   A. 独立同分布　　　　　　　　B. 独立不同分布
   C. 不独立同分布　　　　　　　D. 不独立也不同分布

3. 设随机变量 $X\sim B(4,0.1)$，$Y\sim \pi(1)$，已知 $D(X+Y+1)=2$，则 X 和 Y 的相关系数 $\rho_{XY}=$ ( )
   A. $\frac{8}{15}$　　B. $-\frac{8}{15}$　　C. $\frac{3}{10}$　　D. $-\frac{3}{10}$

4. 设随机变量 ξ 和 η 独立同分布，记 $X=\xi-\eta$，$Y=\xi+\eta$，则随机变量 X 和 Y ( )
   A. 不独立　　　　　　　　　　B. 独立
   C. 相关系数不为 0　　　　　　D. 相关系数为 0

5. 在假设检验中,用 α 和 β 分别表示犯第一类错误和第二类错误的概率,则当样本容量

一定时，下列结论正确的是 （　　）

A. α 减小，β 也减小 　　B. α 与 β 其中一个减小时另一个往往会增大

C. α 增大，β 也增大　　D. A 和 C 同时成立

三、计算机(共 30 分)

1. (10 分) 设二维随机变量 (X,Y) 的概率密度为

$$f(x,y)=\begin{cases}\dfrac{21}{4}x^2 y, & x^2\leqslant y\leqslant 1,\\ 0, & \text{其他}.\end{cases}$$

求条件概率密度 $f_X(x)$ 及 $f_Y(y)$.

2. (10 分) 设二维随机变量 (X,Y) 的概率为 $f(x,y)=\begin{cases}1, & |y|<x, 0\leqslant x\leqslant 1,\\ 0, & \text{其他}.\end{cases}$ 求 $E(X), E(Y), D(X), D(Y), \text{Cov}(X,Y), \rho_{XY}$.

3. (10 分) 设总体 X 的概率密度函数为 $f(x;\theta)=\begin{cases}\theta x^{\theta-1}, & 0<x<1;\\ 0, & \text{其他}.\end{cases}$ 求未知参数 θ 的矩估计量与极大似然估计量.

四、应用题(共 40 分)

1. (10 分)假设电子邮件中 80% 是垃圾邮件,95% 的垃圾邮件会被邮件过滤器判定为垃圾邮件,5% 的正常邮件会被垃圾邮件过滤器误判为垃圾邮件. 计算下列事件的概率:

(1) 一封电子邮件被垃圾邮件过滤器判定为是垃圾邮件的概率;

(2) 一封电子邮件被判定为垃圾邮件,但它实际上为正常邮件的概率.

2. (10 分)设某种商品 n 天内价格的变化量为 $Y_n = \sum_{i=1}^{n} X_i$,其中,X_i 表示第 i 天该商品价格的变化量,且 $X_1, X_2, \cdots, X_n$ 是均值为 0、方差为 2 的独立同分布的随机变量. 求 18 天内该商品的价格变化量 Y_{18} 在 $-4 \sim 4$ 的概率. $\left(已知 \varPhi\left(\dfrac{2}{3}\right) = 0.747, \varPhi(x) 是标准正态分布函数\right)$

3. (10分)在稳定生产的情况下,某工厂生产的灯泡的使用寿命 $X \sim N(\mu,\sigma^2)$. 现测试了 20 个灯泡的使用寿命,并算得 $\bar{x}=1832, s=497$,试对灯泡使用寿命的方差 σ^2 做置信度为 90% 的区间估计.

4. (10分)设某次考试的考生成绩服从正态分布,从中随机地抽取 36 位考生的成绩,算得平均成绩为 66.5 分,标准差为 15 分,问在显著性水平 0.05 下,是否可以认为这次考试全体考生的平均成绩为 70 分?

参考答案

概率论期末模拟试卷一

一、1. $\frac{1}{3}$；0；$\frac{1}{6}$；$\frac{2}{3}$. 2. 0.6836. 3. $F_X(x) = \begin{cases} \frac{1}{1+x^2}, & x<0, \\ 1, & x\geq 1. \end{cases}$ 4. 6.84. 5. 17.

二、1. D. 2. B. 3. A.

三、1. (1) $A=\frac{1}{4}$. (2) $f_X(x) = \int_{-\infty}^{+\infty} f(x,y)\mathrm{d}y = \begin{cases} \int_{-x}^{x} \frac{1}{4}\mathrm{d}y = \frac{x}{2}, & 0<x<2, \\ 0, & \text{其他}. \end{cases}$ 当 $0<x<2$ 时，

$f_{Y|X}(y|x) = \frac{f(x,y)}{f_X(x)} = \begin{cases} \frac{1}{2x}, & -x<y<x, \\ 0, & \text{其他}. \end{cases}$ (3) $E(X) = \int_0^2 \frac{x^2}{2}\mathrm{d}x = \frac{4}{3}$，$E(Y) = \int_0^2 \mathrm{d}x \int_{-x}^{x} \frac{y}{4}\mathrm{d}y = 0$，

$E(XY) = \int_0^2 x\mathrm{d}x \int_{-x}^{x} \frac{y}{4}\mathrm{d}y = 0$，$\mathrm{Cov}(X,Y) = E(XY) - E(X)E(Y) = 0$，所以 X 与 Y 不相关.

2. $f_X(x) = \begin{cases} 1, & 0<x<1, \\ 0, & \text{其他}, \end{cases}$ $f_Y(y) = \begin{cases} \mathrm{e}^{-y}, & y\geq 0, \\ 0, & y<0, \end{cases}$ $f_Z(z) = \int_{-\infty}^{+\infty} f_X(x)f_Y(2x-z)\mathrm{d}x$. $\begin{cases} 0<x<1, \\ 2x-z>0 \end{cases} \Rightarrow$

$\begin{cases} 0<x<1, \\ x>\frac{z}{2} \end{cases} \Rightarrow z$ 轴上的分界点为 0 与 2，于是 $f_Z(z) = \begin{cases} \int_0^1 \mathrm{e}^{-(z-2x)}\mathrm{d}x = \frac{\mathrm{e}^z(1-\mathrm{e}^{-2})}{2}, & z\leq 0, \\ \int_{\frac{z}{2}}^{1} \mathrm{e}^{-(z-2x)}\mathrm{d}x = \frac{1-\mathrm{e}^{z-2}}{2}, & 0<z<2, \\ 0, & z\geq 2. \end{cases}$

3. $f(x,y) = \begin{cases} 1, & 0<x<1, |y|<x, \\ 0, & \text{其他}. \end{cases}$ (1) $f_X(x) = \int_{-\infty}^{+\infty} f(x,y)\mathrm{d}y = \begin{cases} \int_{-x}^{x} \mathrm{d}y = 2x, & 0<x<1, \\ 0, & \text{其他}, \end{cases}$ $f_Y(y) =$

$\int_{-\infty}^{+\infty} f(x,y)\mathrm{d}x = \begin{cases} \int_y^1 \mathrm{d}x = 1-y, & 0<y<1, \\ \int_{-y}^1 \mathrm{d}x = 1+y, & -1<y\leq 0, \\ 0, & \text{其他}. \end{cases}$ (2) $P\{X+Y\leq 1\} = \int_0^{\frac{1}{2}} \mathrm{d}x \int_{-x}^{x} \mathrm{d}y + \int_{\frac{1}{2}}^{1} \mathrm{d}x \int_{-x}^{1-x} \mathrm{d}y = \frac{3}{4}$.

4. (1) $E(\xi) = E(\alpha X+\beta Y) = \alpha E(X)+\beta E(Y) = \alpha\times 0+\beta\times 0 = 0$；$E(\eta) = E(\alpha X-\beta Y) = \alpha E(X)-\beta E(Y) = \alpha\times 0-\beta\times 0 = 0$；$D(\xi) = D(\alpha X+\beta Y) = \alpha^2 D(X)+\beta^2 D(Y) = (\alpha^2+\beta^2)\sigma^2$；$D(\eta) = D(\alpha X-\beta Y) = \alpha^2 D(X)+\beta^2 D(Y) = (\alpha^2+\beta^2)\sigma^2$；$E(\xi\eta) = E[(\alpha X+\beta Y)(\alpha X-\beta Y)] = E(\alpha^2 X^2-\beta^2 Y^2) = \alpha^2 E(X^2)-\beta^2 E(Y^2) = \alpha^2\sigma^2-\beta^2\sigma^2 = (\alpha^2-\beta^2)\sigma^2$，所以，$\rho_{\xi\eta} = \frac{E(\xi\eta)-E(\xi)E(\eta)}{\sqrt{D(\xi)}\sqrt{D(\eta)}} = \frac{(\alpha^2-\beta^2)\sigma^2}{\sqrt{(\alpha^2+\beta^2)\sigma^2}\sqrt{(\alpha^2+\beta^2)\sigma^2}} = \frac{\alpha^2-\beta^2}{\alpha^2+\beta^2}$. (2) 当 $\alpha^2 = \beta^2$ 时，$\rho_{\xi\eta} = 0$，ξ 与 η 不相关.

四、1. 设 A 表示任取 2 箱都是民用口罩，$B_k(k=1,2,3)$ 表示丢失的一箱分别为民用口罩、医用口罩、消毒棉花，则 $P(A) = \sum_{k=1}^{3} P(B_k)P(A|B_k) = \frac{1}{2}\times\frac{C_4^2}{C_9^2} + \frac{3}{10}\times\frac{C_5^2}{C_9^2} + \frac{1}{5}\times\frac{C_5^2}{C_9^2} = \frac{8}{36}$，于是 $P(B_1|A) = \frac{P(B_1)P(A|B_1)}{P(A)} =$

$\frac{\frac{1}{2}\times\frac{C_4^2}{C_9^2}}{P(A)} = \frac{3}{36}\div\frac{8}{36} = \frac{3}{8}$.

2. 假定供应这个车间的电能最小为 x 个单位,又设 200 部机床中同时开动的机床数目为 η_{200},则由 $P\{15\eta_{200}\leqslant x\}\geqslant 0.95$ 可直接求出最小正数 x. 事实上,利用棣莫弗-拉普拉斯中心极限定理有 $0.95 = P\{15\eta_{200}\leqslant x\} = P\left\{0<\eta_{200}\leqslant \dfrac{x}{15}\right\} = P\left\{\eta_{200}\leqslant \dfrac{x}{15}\right\}$(因 $np=140>5$) $= \Phi\left(\dfrac{\frac{x}{15}-140}{\sqrt{42}}\right) = \Phi\left(\dfrac{x-2100}{97.211}\right)$,于是 $\dfrac{x-2100}{97.211}=1.6449$,即 $x\approx 2260$,即最小供应 2260 个单位电能即可满足要求.

概率论期末模拟试卷二

一、1. 0.7;0.6. 2. $-1;64$. 3. e^{-1}; 4. 12;0.2. 5. $\sqrt{2}+1$.

二、1. A. 2. C. 3. D.

三、1. (1) 因为 $1=\int_{-\infty}^{+\infty}f(x)\mathrm{d}x=\int_{-1}^{1}\dfrac{a}{\sqrt{1-x^2}}\mathrm{d}x=\pi a$,所以 $a=\dfrac{1}{\pi}$. (2) $P\{-0.5<X<0.5\}=\int_{-0.5}^{0.5}f(x)\mathrm{d}x=\int_{-0.5}^{0.5}\dfrac{1}{\pi\sqrt{1-x^2}}\mathrm{d}x=\dfrac{1}{3}$. (3) $F(x)=\int_{-\infty}^{x}f(x)\mathrm{d}x=\begin{cases}0,& \\ \int_{-1}^{x}\dfrac{1}{\pi\sqrt{1-x^2}}\mathrm{d}x,&\\ 1 & \end{cases}=\begin{cases}0, & x\leqslant -1,\\ \dfrac{1}{\pi}\arcsin x+\dfrac{1}{2}, & -1<x<1,\\ 1, & x\geqslant 1.\end{cases}$

2. (1) 当 $0<x<1$ 时,$f_X(x)=\int_x^1 6x\mathrm{d}y=6x(1-x)$,故 $f_X(x)=\begin{cases}6x(1-x), & 0<x<1,\\ 0, & \text{其他}.\end{cases}$ 当 $0<y<1$ 时,$f_Y(y)=\int_0^y 6x\mathrm{d}x=3y^2$,故 $f_Y(y)=\begin{cases}3y^2, & 0<y<1,\\ 0, & \text{其他}.\end{cases}$ (2) 当 $\dfrac{1}{3}<y<1$ 时,$f_{Y|X}\left(y|X=\dfrac{1}{3}\right)=\dfrac{f\left(\frac{1}{3},y\right)}{f_X\left(\frac{1}{3}\right)}=\dfrac{3}{2}$,故 $f_{Y|X}\left(y|X=\dfrac{1}{3}\right)=\begin{cases}\dfrac{3}{2}, & \dfrac{1}{3}<y<1,\\ 0, & \text{其他}.\end{cases}$ (3) $P\{X+Y\leqslant 1\}=\int_0^{\frac{1}{2}}6x\mathrm{d}x\int_x^{1-x}\mathrm{d}y=\int_0^{\frac{1}{2}}6x(1-2x)\mathrm{d}x=\dfrac{1}{4}$.

3. (1) 因 X 在 $[0,1]$ 上服从均匀分布,故 $f_X(x)=\begin{cases}1, & 0<x<1,\\ 0, & \text{其他},\end{cases}$ $f_Y(y)=\begin{cases}\dfrac{1}{2}e^{-\frac{y}{2}}, & y>0,\\ 0, & y\leqslant 0.\end{cases}$ 又 X 和 Y 相互独立,所以 $f(x,y)=f_X(x)f_Y(y)=\begin{cases}\dfrac{1}{2}e^{-\frac{y}{2}}, & 0<x<1,y>0,\\ 0, & \text{其他}.\end{cases}$ (2) 二次方程 $t^2+2Xt+Y=0$ 有实根,必须 $4X^2-4Y\geqslant 0$,因此所求概率为 $P\{4X^2-4Y\geqslant 0\}=\iint_G f(x,y)\mathrm{d}x\mathrm{d}y=\int_0^1\mathrm{d}x\int_0^{x^2}\dfrac{1}{2}e^{-\frac{y}{2}}\mathrm{d}y=\int_0^1(-e^{-\frac{x^2}{2}}+1)\mathrm{d}x=1+\int_0^1(-e^{-\frac{x^2}{2}})\mathrm{d}x=1-\sqrt{2\pi}\left[\dfrac{1}{\sqrt{2\pi}}\int_0^1\left(-e^{-\frac{x^2}{2}}\right)\mathrm{d}x\right]=1-\sqrt{2\pi}[\Phi(1)-\Phi(0)]=0.1445.$

4. $E(X)=\iint_G xf(x,y)\mathrm{d}x\mathrm{d}y=\int_0^1\left[\int_0^{2(1-x)}x\mathrm{d}y\right]\mathrm{d}x=\dfrac{1}{3}$,又 $E(X^2)=\int_0^1\left[\int_0^{2(1-x)}x^2\mathrm{d}y\right]\mathrm{d}x=\dfrac{1}{6}$,$D(X)=E(X^2)-[E(X)]^2=\dfrac{1}{6}-\left(\dfrac{1}{3}\right)^2=\dfrac{1}{18}$,$E(Y)=\iint_G yf(x,y)\mathrm{d}x\mathrm{d}y=\int_0^1\left[\int_0^{2(1-x)}y\mathrm{d}y\right]\mathrm{d}x=\dfrac{2}{3}$,又 $E(Y^2)=\int_0^1\left[\int_0^{2(1-x)}y^2\mathrm{d}y\right]\mathrm{d}x=\dfrac{2}{3}$,$D(Y)=E(Y^2)-[E(Y)]^2=\dfrac{2}{3}-\left(\dfrac{2}{3}\right)^2=\dfrac{2}{9}$,且 $E(XY)=\iint_G xyf(x,y)\mathrm{d}x\mathrm{d}y=\int_0^1\left[\int_0^{2(1-x)}xy\mathrm{d}y\right]\mathrm{d}x=\dfrac{1}{6}$,故 $\mathrm{Cov}(X,Y)=E(XY)-E(X)E(Y)=\dfrac{1}{6}-\dfrac{1}{3}\times\dfrac{2}{3}=-\dfrac{1}{18}$,$\rho_{XY}=\dfrac{\mathrm{Cov}(X,Y)}{\sqrt{D(X)}\sqrt{D(Y)}}=$

$\dfrac{-\dfrac{1}{18}}{\sqrt{\dfrac{1}{18}}\times\sqrt{\dfrac{2}{9}}}=-\dfrac{1}{2}$. 因 $\rho_{XY}=-\dfrac{1}{2}\neq 0$, 故 X 与 Y 不独立.

四、1. 设 A 表示检查后被认为是合格品的事件,B 表示抽查的产品为合格品的事件. $P(A)=P(B)P(A|B)+P(\bar{B})P(A|\bar{B})=0.96\times 0.98+0.04\times 0.05=0.9428$, $P(B|A)=\dfrac{P(B)P(A|B)}{P(A)}=\dfrac{0.9408}{0.9428}=0.998$.

2. 记每部分的长度为 X_k, $k=1,2,\cdots,10$. $\mu_k=2$ mm, $\sigma_k^2=0.05^2$ mm^2, $k=1,2,\cdots,10$. 则 $E\left(\sum\limits_{k=1}^{10}X_k\right)=20$, $D\left(\sum\limits_{k=1}^{10}X_k\right)=10\times 0.05^2$. 由中心极限定理知 $\dfrac{\sum\limits_{k=1}^{10}X_k-20}{\sqrt{10\times 0.05^2}}$ 近似服从 $N(0,1)$, 所以产品的合格率为

$P\left\{20-0.1<\sum\limits_{k=1}^{10}X_k<20+0.1\right\}=P\left\{\dfrac{20-0.1-20}{\sqrt{10\times 0.05^2}}<\dfrac{\sum\limits_{k=1}^{10}X_k-20}{\sqrt{10\times 0.05^2}}<\dfrac{20+0.1-20}{\sqrt{10\times 0.05^2}}\right\}\approx\Phi(0.63)-\Phi(-0.63)=2\Phi(0.63)-1=0.4714$.

概率论期末模拟试卷三

一、1. 0.4; $\dfrac{4}{7}$. **2.** 0.2; 0.6. **3.** 0.88. **4.** $\dfrac{1}{2}$; $F(x)=\begin{cases}\dfrac{1}{2}e^x, & x<0,\\ 1-\dfrac{1}{2}e^{-x}, & x\geqslant 0.\end{cases}$ **5.** $N(0,5)$.

二、1. D. **2.** B.

三、1. (1) 由分布律的规范性, 知 $a+\dfrac{1}{9}+c+\dfrac{1}{9}+b+\dfrac{1}{3}=1$, 所以 $a+b+c=\dfrac{4}{9}$ ①. (2) 由于 X 与 Y 独立, 即对所有 x_i,y_j, 有 $P\{X=x_i,Y=y_j\}=P\{X=x_i\}P\{Y=y_j\}$, 于是 $b=P\{X=2,Y=2\}=P\{X=2\}\cdot P\{Y=2\}=\left(b+\dfrac{1}{9}\right)\left(b+\dfrac{1}{9}+\dfrac{1}{3}\right)$ ②. $\dfrac{1}{9}=P\{X=2,Y=1\}=P\{X=2\}P\{Y=1\}=\left(a+\dfrac{1}{9}\right)\left(b+\dfrac{1}{9}+\dfrac{1}{3}\right)$ ③. 联立②③可得 $a=\dfrac{1}{18}$, $b=\dfrac{2}{9}$, 代入①得 $c=\dfrac{1}{6}$. (3) $P\{X=Y\}=P\{X=Y=1\}+P\{X=Y=2\}=\dfrac{5}{18}$.

2. (1) $\because 1=\int_{-\infty}^{+\infty}f(x)\mathrm{d}x=\int_0^1 ax^k\mathrm{d}x=\dfrac{a}{k+1}$, $0.75=E(X)=\int_0^1 xax^k\mathrm{d}x=\dfrac{a}{k+2}$, $\therefore a=3$, $k=2$, 故 $f(x)=\begin{cases}3x^2, & 0<x<1,\\ 0, & \text{其他}.\end{cases}$ (2) $F(x)=\int_{-\infty}^x f(x)\mathrm{d}x$, 故 X 的分布函数 $F(x)=\begin{cases}0, & x<0,\\ x^3, & 0\leqslant x<1,\\ 1, & x\geqslant 1.\end{cases}$

(3) $P\left\{\dfrac{1}{2}<X<1\right\}=1-F\left(\dfrac{1}{2}\right)=\dfrac{7}{8}$. (4) $E(X^2)=\int_0^1 x^2 3x^2\mathrm{d}x=\dfrac{3}{5}$, 故 $D(X)=\dfrac{3}{5}-\left(\dfrac{3}{4}\right)^2=\dfrac{3}{80}$.

3. $E(X)=\int_{-\infty}^{+\infty}\int_{-\infty}^{+\infty}xf(x,y)\mathrm{d}x\mathrm{d}y=\int_0^1\mathrm{d}x\int_{-x}^x x\mathrm{d}y=\dfrac{2}{3}$, $E(Y)=\int_{-\infty}^{+\infty}\int_{-\infty}^{+\infty}yf(x,y)\mathrm{d}x\mathrm{d}y=\int_0^1\mathrm{d}x\int_{-x}^x y\mathrm{d}y=0$, $E(XY)=\int_{-\infty}^{+\infty}\int_{-\infty}^{+\infty}xyf(x,y)\mathrm{d}x\mathrm{d}y=\int_0^1 x\mathrm{d}x\int_{-x}^x y\mathrm{d}y=0$, 故 $\mathrm{Cov}(X,Y)=E(XY)-E(X)E(Y)=0$.

4. (1) $P\{-2<X\leqslant 1\}=\Phi\left(\dfrac{1+2}{3}\right)-\Phi\left(\dfrac{-2+2}{3}\right)=\Phi(1)-\Phi(0)=0.3413$; $P\{|X+2|>6\}=1-P\{|X+2|\leqslant 6\}=1-P\left\{\dfrac{|X+2|}{3}\leqslant 2\right\}=2-2\Phi(2)=0.0456$. (2) $\because P\{X>a\}=1-P\{X\leqslant a\}=P\{X\leqslant a\}$, $\therefore P\{X\leqslant a\}=0.5=\Phi\left(\dfrac{a+2}{3}\right)$, 查表得 $\dfrac{a+2}{3}=0$, 解得 $a=-2$. (3) 由 $P\{X>b\}\geqslant 0.6915$, 得 $1-P\{X\leqslant b\}\geqslant$

$0.6915 \Rightarrow \Phi\left(-\dfrac{b+2}{3}\right) \geqslant 0.6915$，查表可得 $b \leqslant -3.5$，故 b 至多为 -3.5．

四、1. 设 A_1, A_2, A_3 分别表示"甲不及格""乙不及格""丙不及格"三个事件，由题意知 A_1, A_2, A_3 相互独立，令 A 表示"恰有两位不及格"，则 $A = A_1 A_2 \overline{A}_3 \cup A_1 \overline{A}_2 A_3 \cup \overline{A}_1 A_2 A_3$．（1）$P(A) = P(A_1 A_2 \overline{A}_3) + P(A_1 \overline{A}_2 A_3) + P(\overline{A}_1 A_2 A_3) = 0.4 \times 0.3 \times 0.5 + 0.4 \times 0.7 \times 0.5 + 0.6 \times 0.3 \times 0.5 = 0.29$．（2）$P(A_1 A_2 \overline{A}_3 \cup \overline{A}_1 A_2 A_3 | A) = \dfrac{P(A_1 A_2 \overline{A}_3) + P(\overline{A}_1 A_2 A_3)}{P(A)} = \dfrac{0.4 \times 0.3 \times 0.5 + 0.6 \times 0.3 \times 0.5}{0.29} = \dfrac{15}{29}$．

2. 依题意知 $\mu_k = 100$，$\sigma_k^2 = 100^2$，$k = 1, 2, \cdots, 16$．由中心极限定理知：记 $X = \sum\limits_{k=1}^{16} X_k$，则 $P\left\{\sum\limits_{k=1}^{16} X_k > 1920\right\} = P\left\{\dfrac{\sum\limits_{k=1}^{16} X_k - 16\mu_k}{\sqrt{16\sigma_k^2}} > \dfrac{1920 - 16\mu_k}{\sqrt{16\sigma_k^2}}\right\} = 1 - P\left\{\dfrac{X - 1600}{4 \times 100} < \dfrac{1920 - 1600}{400}\right\} \approx 1 - \Phi(0.8) = 1 - 0.7881 = 0.2119$．即这 16 只元件使用寿命的总和大于 1920 h 的概率是 0.2119．

概率论期末真题

一、1. 0.68．ㅤ**2.** $\dfrac{1}{2\mathrm{e}}$．ㅤ**3.** $N(0,5)$．ㅤ**4.** $\dfrac{1}{4}$．ㅤ**5.** $\dfrac{4}{9}$．ㅤ**6.** 1．

二、1. D．ㅤ**2.** B．ㅤ**3** C．ㅤ**4.** A．

三、1.（1）由题意知 $f_X(x) = \begin{cases} 1, & 0 \leqslant x \leqslant 1, \\ 0, & \text{其他.} \end{cases}$ $f_Y(y) = \begin{cases} \mathrm{e}^{-y}, & y > 0, \\ 0, & \text{其他.} \end{cases}$ $\because X, Y$ 独立，$\therefore (X, Y)$ 的密度函数为 $f(x, y) = \begin{cases} \mathrm{e}^{-y}, & 0 \leqslant x \leqslant 1, y > 0, \\ 0, & \text{其他.} \end{cases}$（2）由卷积公式，得 $Z = X + Y$ 的概率密度函数 $f_Z(z) = \int_{-\infty}^{+\infty} f_X(x) f_Y(z - x) \mathrm{d}x$，仅当 $\begin{cases} 0 \leqslant x \leqslant 1, \\ z - x > 0, \end{cases}$ 即 $\begin{cases} 0 \leqslant x \leqslant 1, \\ z > x \end{cases}$ 时，上述积分不为 0，则 $f_Z(z) = \int_{-\infty}^{+\infty} f_X(x) f_Y(z - x) \mathrm{d}x = \begin{cases} \int_0^z \mathrm{e}^{-(z-x)} \mathrm{d}x = 1 - \mathrm{e}^{-z}, & 0 < z < 1, \\ \int_0^1 \mathrm{e}^{-(z-x)} \mathrm{d}x = \mathrm{e}^{-z}(\mathrm{e} - 1), & z \geqslant 1, \\ 0, & \text{其他.} \end{cases}$

2. 解：(1) $\because X_1, X_2, X_3, X_4$ 独立同分布于 $N(12, 4^2)$，$\therefore \overline{X} = \dfrac{1}{4}(X_1 + X_2 + X_3 + X_4)$ 服从正态分布． $\because E(\overline{X}) = E\left[\dfrac{1}{4}(X_1 + X_2 + X_3 + X_4)\right] = 12$，$D(\overline{X}) = D\left[\dfrac{1}{4}(X_1 + X_2 + X_3 + X_4)\right] = 4$，$\therefore \overline{X} \sim N(12, 2^2)$．(2) $P\{10 < \overline{X} \leqslant 14\} = P\left\{\dfrac{10 - 12}{2} < \dfrac{\overline{X} - 12}{2} \leqslant \dfrac{14 - 12}{2}\right\} = \Phi(1) - \Phi(-1) = 2\Phi(1) - 1 = 0.6826$．(3) $P\{\overline{X} > 12\} = 1 - P\{\overline{X} \leqslant 12\} = 1 - P\left\{\dfrac{\overline{X} - 12}{2} \leqslant \dfrac{12 - 12}{2}\right\} = 0.5$．

3. (1) (X, Y) 的联合密度函数为 $f(x, y) = \begin{cases} 2, & 0 < x < 1, 0 < y < x, \\ 0, & \text{其他,} \end{cases}$ $f_X(x) = \int_{-\infty}^{+\infty} f(x, y) \mathrm{d}y = \begin{cases} \int_0^x 2 \mathrm{d}y = 2x, & 0 \leqslant x \leqslant 1, \\ 0, & \text{其他,} \end{cases}$ $f_Y(y) = \int_{-\infty}^{+\infty} f(x, y) \mathrm{d}x = \begin{cases} \int_y^1 2 \mathrm{d}x = 2(1 - y), & 0 \leqslant y \leqslant 1, \\ 0, & \text{其他.} \end{cases}$ (2) $E(X) = \int_0^1 \mathrm{d}x \int_0^x 2x \mathrm{d}y = \dfrac{2}{3}$，$E(Y) = \int_0^1 \mathrm{d}x \int_0^x 2y \mathrm{d}y = \dfrac{1}{3}$，$E(XY) = \int_0^1 \mathrm{d}x \int_0^x 2xy \mathrm{d}y = \dfrac{1}{4}$，$\mathrm{Cov}(X, Y) = E(XY) - E(X)E(Y) = \dfrac{1}{4} - \dfrac{2}{3} \times \dfrac{1}{3} = \dfrac{1}{36}$．

(3) $E(X^2) = \int_0^1 dx \int_0^x 2x^2 dy = \frac{1}{2}$, $E(Y^2) = \int_0^1 dx \int_0^x 2y^2 dy = \frac{1}{6}$, $D(X) = E(X^2) - [E(X)]^2 = \frac{1}{18}$, $D(Y) = E(Y^2) - [E(Y)]^2 = \frac{1}{18}$. $\rho_{XY} = \frac{\text{Cov}(X,Y)}{\sqrt{D(X)}\sqrt{D(Y)}} = \frac{1}{2}$. $\because \rho_{XY} = \frac{1}{2} \neq 0$, $\therefore X,Y$ 相关,从而 X,Y 不相互独立.

四、1. 设 $A_i =$ "取到的是第 i 只箱子",$(i=1,2,3)$,$B=$ "取到白球". 由题意知 $P(A_i) = \frac{1}{3}(i=1,2,3)$, $P(B|A_1) = \frac{3}{7}$, $P(B|A_2) = \frac{1}{2}$, $P(B|A_3) = \frac{5}{8}$. (1) 由全概率公式,得 $P(B) = \frac{1}{3}\left(\frac{3}{7} + \frac{1}{2} + \frac{5}{8}\right) = \frac{29}{56}$.
(2) $P(A_2|B) = \frac{P(A_2)P(B|A_2)}{P(B)} = \frac{28}{87}$.

2. (1) $1 = \int_{1000}^{+\infty} \frac{k}{x^2} dx = \frac{k}{1000}$, $\therefore k = 1000$. (2) $p = P\{X > 1500\} = \int_{1500}^{+\infty} \frac{1000}{x^2} dx = \frac{2}{3}$. 设 Y 为 4 只中使用寿命大于 1500 h 的只数,则 $Y \sim B\left(4, \frac{2}{3}\right)$,$P\{Y \geq 2\} = 1 - P\{Y=0\} - P\{Y=1\} = 1 - C_4^0 \left(\frac{2}{3}\right)^0 \left(\frac{1}{3}\right)^4 - C_4^1 \left(\frac{2}{3}\right)^1 \left(\frac{1}{3}\right)^3 = \frac{8}{9}$.

3. 设 $X_i(i=1,2,\cdots,n)$ 为装运的第 i 箱的重量(单位:kg),则 n 箱的总重量 $T_n = \sum_{i=1}^n X_i$,$E(T_n) = 50n$, $\sqrt{D(T_n)} = 5\sqrt{n}$, $P\{T_n \leq 5000\} = P\left\{\frac{T_n - 50n}{5\sqrt{n}} \leq \frac{5000 - 50n}{5\sqrt{n}}\right\} \approx \Phi\left(\frac{1000 - 10n}{\sqrt{n}}\right) > 0.9772 = \Phi(2)$. 由 $\frac{1000-10n}{\sqrt{n}} > 2$,得 $n < 98.0199$,即最多可以装 98 箱.

概率统计期末模拟试卷一

一、1. $\frac{4}{9}$. 2. $\frac{2}{5}$. 3. $\frac{19}{27}$. 4. $F(x) = \begin{cases} \frac{1}{2}e^x, & x<0 \\ 1 - \frac{1}{2}e^{-x}, & x \geq 0. \end{cases}$ 5. 3. 6. $\frac{1}{4}$.

二、1. A. 2. B.

三、1. 由题意知 X,Y 相互独立,且 $f_X(x) = \begin{cases} 2e^{-2x}, & x>0 \\ 0, & \text{其他} \end{cases}$,$f_Y(y) = \begin{cases} e^{-y}, & y>0 \\ 0, & \text{其他} \end{cases}$,当 $z>0$ 时,$F_Z(z) = P\{\max(X,Y) \leq z\} = P\{X \leq z, Y \leq z\} = P\{X \leq z\}P\{Y \leq z\} = F_X(z)F_Y(z)$,$f_Z(z) = f_X(z)F_Y(z) + F_X(z)f_Y(z) = 2e^{-2z}(1-e^{-z}) + (1-e^{-2z})e^{-z} = e^{-z} + 2e^{-2z} - 3e^{-3z}$,即 $f_Z(z) = \begin{cases} e^{-z} + 2e^{-2z} - 3e^{-3z}, & z>0 \\ 0, & \text{其他}. \end{cases}$

2. (1) 由 $F(x)$ 的连续性,有 $F(1-0) = A = F(1)$,故 $A=1$. (2) $P\{0.3 < X < 0.7\} = F(0.7) - F(0.3) = 0.7^2 - 0.3^2 = 0.4$. (3) $f(x) = F'(x) = \begin{cases} 2x, & 0<x<1 \\ 0, & \text{其他} \end{cases}$

3. (1) $E(Z) = \frac{1}{3}E(X) + \frac{1}{2}E(Y) = \frac{1}{3}$,注意到 $D(X) = 9$, $D(Y) = 16$, $\text{Cov}(X,Y) = \left(-\frac{1}{2}\right) \times 3 \times 4 = -6$,有 $D(Z) = \frac{1}{9}D(X) + \frac{1}{4}D(Y) + \frac{1}{3}\text{Cov}(X,Y) = 1 + 4 - 2 = 3$. (2) $\text{Cov}(X,Z) = \text{Cov}\left(X, \frac{X}{3}\right) + \text{Cov}\left(X, \frac{Y}{2}\right) = \frac{1}{3}\text{Cov}(X,X) + \frac{1}{2}\text{Cov}(X,Y) = 3 - 3 = 0$,所以 $\rho_{XZ} = 0$. (3) 因为 Z 是正态随机变量 X 与 Y 的线性组合,故 Z 也是正态随机变量,又因为 $\rho_{XZ} = 0$,所以 X 与 Z 相互独立.

4. 因 X,Y 相互独立,故 $E(XY) = E(X)E(Y)$,为求 $E(XY)$,只需分别求出 $E(X)$ 与 $E(Y)$ 即可. 而 $E(X) = \int_{-\infty}^{+\infty} x f_X(x) dx = \int_0^1 2x^2 dx = \frac{2}{3}$,$E(Y) = \int_{-\infty}^{+\infty} y f_Y(y) dy = \int_5^{+\infty} y e^{-(y-5)} dy \xrightarrow{y-5=t} \int_0^{+\infty} (t+5)e^{-t} dt =$

$5\int_0^{+\infty} e^{-t}dt + \int_0^{+\infty} te^{-t}dt = 5+1=6$,故 $E(XY)=E(X)E(Y)=\frac{2}{3}\times 6=4$.

5. $E(X)=\int_5^6 x(\theta+1)(x-5)^\theta dx = \int_5^6 x d[(x-5)^{\theta+1}] = 6-\int_5^6 (x-5)^{\theta+1} dx = 6-\frac{1}{\theta+2}$,故 θ 的矩估计量 $\hat{\theta}=\frac{1}{6-\overline{X}}-2$;似然函数 $L(\theta)=\prod_{i=1}^n f(x_i;\theta)=(\theta+1)^n \prod_{i=1}^n (x_i-5)^\theta$,故 $\ln L(\theta)=n\ln(1+\theta)+\theta\sum_{i=1}^n \ln(x_i-5)$,$\frac{d[\ln L(\theta)]}{d\theta}=\frac{n}{1+\theta}+\sum_{i=1}^n \ln(x_i-5)=0$,故 θ 的极大似然估计量 $\hat{\theta}=-\frac{n}{\sum_{i=1}^5 \ln(X_i-5)}-1$.

四、1. X 的分布函数 $F(x)=\begin{cases} 1-e^{-\frac{1}{20000}(x-365)}, & x\geq 365, \\ 0, & x<365, \end{cases}$ 于是 $P\{X\leq 1095\}=1-e^{-0.0365}\approx 0.04$. 记 N 表示事件"1000件产品中使用寿命小于1095天的产品件数",Y 表示事件"保险公司的利润",则 $N\sim B(1000, 0.04)$,$Y=1000\times P_0 - 2000N$. 由中心极限定理,$N\sim N(40, 6.2^2)$. (1) 若保费 $P_0=100$ 元/件,则 $P\{$保险公司亏本$\}=P\{Y\leq 0\}=P\{N\geq 50\}=P\left\{\frac{N-40}{6.2}\geq\frac{10}{6.2}\right\}\approx 1-\Phi(1.61)=0.054$. (2) 若保费为 P_0,则 $P\{$保险公司亏本$\}=P\{N\geq 0.5P_0\}=P\left\{\frac{N-40}{6.2}\geq\frac{0.5P_0-40}{6.2}\right\}\approx 1-\Phi\left(\frac{0.5P_0-40}{6.2}\right)\leq 0.01$. $\Phi\left(\frac{0.5P_0-40}{6.2}\right)\geq 0.99 \Rightarrow \frac{0.5P_0-40}{6.2}\geq 2.33 \Rightarrow P_0\geq 2\times(40+6.2\times 2.33)=108.89$(元/件).

2. $\bar{x}=\frac{(1550+1540+1530+1560)}{4}=1545$,$s^2=\frac{(1550-1545)^2+(1540-1545)^2+(1530-1545)^2+(1560-154)^2}{3}=166.67$. 对于 $\alpha=0.05$,自由度 $n-1=3$,可得临界值 $t_{\frac{\alpha}{2}}=3.182$,由此得置信区间的上、下限分别为 $\bar{x}+t_{\frac{\alpha}{2}}\frac{s_n^*}{\sqrt{n}}=1545+3.128\times\sqrt{\frac{166.67}{4}}\approx 1545+20.19=1565.19$,$\bar{x}-t_{\frac{\alpha}{2}}\frac{s_n^*}{\sqrt{n}}=1545-3.182\times\sqrt{\frac{166.67}{4}}\approx 1545-20.19=1524.81$. 从而得 μ 的 $\alpha=0.05$ 的置信区间为 $[1524.81, 1565.19]$.

3. 本题属于方差未知,均值 μ 的双侧检验问题. 设 $H_0: \mu=2000=\mu_0$,$H_1: \mu\neq 2000$. 由于总体 X 的方差未知,选用统计量 $T=\frac{\overline{X}-\mu_0}{\frac{S}{\sqrt{n}}}\sim t(n-1)$. 这里 $n=50$,因此自由度为 $n=49$. 因 $n-1>45$,于是由题设知 $t_{0.005}(n-1)=t_{0.005}(49)\approx z_{0.005}=2.58$,故拒绝域为 $|t|>2.58$. 又由题设知 $\bar{x}=1900$,$s=490$,$n=50$,易算得 $|t_0|=\left|\frac{\bar{x}-\mu_0}{\frac{s}{\sqrt{n}}}\right|=1.4428<t_{0.005}(49)=2.58$. 故没有理由拒绝 H_0,认为整批灯泡的平均使用寿命为2000h.

4. (1) 设 $A=\{$第一次取到奇数卡片$\}$,$B=\{$第二次取到奇数卡片$\}$,则 $P(A)=\frac{3}{5}$. (2) 这是条件概率,即在 $\overline{A}$ 发生的条件下,求 B 的概率,可直接由实际含义,得 $P(B|\overline{A})=\frac{3}{4}$. (3) 要求"第二次才取到奇数卡",那么第一次应取偶数卡,即第一次 $\overline{A}$ 发生,故$\{$第二次才取到奇数卡$\}$应是 $\overline{A}$ 与 B 同时发生,因而 $P(\overline{A}B)=P(\overline{A})\cdot P(B|\overline{A})=\frac{2}{5}\times\frac{3}{4}=\frac{3}{10}$. (4) $P(B)=P(AB)+P(\overline{A}B)=P(A)P(B|A)+P(\overline{A})P(B|\overline{A})=\frac{3}{5}\times\frac{2}{4}+\frac{2}{5}\times\frac{3}{4}=\frac{3}{5}$. (实质上是全概率问题)

概率统计期末模拟试卷二

一、**1.** 0.3; 0.5. **2.** $\frac{53}{120}$; $\frac{20}{53}$. **3.** $\frac{9}{64}$. **4.** 双侧,$|z|>z_{\frac{\alpha}{2}}$;左边,$z<z_\alpha$. **5.** 1.

二、**1.** D. **2.** C.

三、1. 由分布函数的定义易得(图略)：$F(x) = \begin{cases} 0, & x \leqslant 0, \\ \int_0^x f(t)dt, & 0 < x < 1, \\ 1 & x \geqslant 1, \end{cases}$ 即 $F(x) = \begin{cases} 0, & x \leqslant 0, \\ \sqrt{x}, & 0 < x < 1, \\ 1, & x \geqslant 1. \end{cases}$

2. (1) $f_X(x) = \begin{cases} \dfrac{1}{a}, & x \in (0,a), \\ 0, & \text{其他}, \end{cases}$ $f_{Y|X}(y|x) = \begin{cases} \dfrac{1}{a-x}, & y \in (x,a), \\ 0, & \text{其他}, \end{cases}$ $f(x,y) = f_X(x)f_{Y|X}(y|x) =$

$\begin{cases} \dfrac{1}{a(a-x)}, & 0 < x < a, x < y < a, \\ 0, & \text{其他}, \end{cases}$ (2) $f_Y(y) = \begin{cases} \dfrac{1}{a}\ln\dfrac{a}{a-y}, & y \in (0,a), \\ 0, & \text{其他}. \end{cases}$

3. 似然函数 $L(X_1, X_2, \cdots, X_n; \lambda) = (\lambda\alpha)^n e^{-\lambda\sum\limits_{i=1}^n X_i^\alpha} \prod\limits_{i=1}^n X_i^{\alpha-1}$，对数似然函数 $\ln L = n\ln\lambda + n\ln\alpha - \lambda\sum\limits_{i=1}^n X_i^\alpha +$

$\sum\limits_{i=1}^n \ln X_i^{\alpha-1}$，由 $\dfrac{\partial \ln L}{\partial \lambda} = \dfrac{n}{\lambda} - \sum\limits_{i=1}^n X_i^\alpha = 0$，解得 λ 的最大似然估计量 $\hat{\lambda} = \dfrac{n}{\sum\limits_{i=1}^n X_i^\alpha}$.

四、1. 设 A_i 为"1000 个灯泡中有 i 个坏灯泡"($i=0,1,\cdots,5$)，B 为"任取 100 个灯泡都是好的".

(1) $\because P(A_i) = \dfrac{1}{6}(i=0,1,\cdots,5)$，

$P(B|A_i) = \dfrac{C_{1000-i}^{100}}{C_{1000}^{100}} = \dfrac{(1000-i)!}{(900-i)!} \cdot \dfrac{900!}{1000!} = \dfrac{900(900-1)\cdots(900-i+1)}{1000(1000-1)\cdots(1000-i+1)} \approx \left(\dfrac{900}{1000}\right)^i = 0.9^i$，

$\therefore P(B) = \sum\limits_{i=0}^5 P(A_i)P(B|A_i) = \dfrac{1}{6}(1+0.9+0.9^2+0.9^3+0.9^4+0.9^5) = \dfrac{1}{6} \times \dfrac{1-0.9^6}{1-0.9} \approx 0.78$.

(2) $P(A_0|B) = \dfrac{P(A_0)P(B|A_0)}{\sum\limits_{i=0}^5 P(A_i)P(B|A_i)} = \dfrac{\dfrac{1}{6} \times 1}{0.78} \approx 0.21$.

2. (1) 分布律为

X	0	1	2	3	4	5
p	$\dfrac{6}{21}$	$\dfrac{5}{21}$	$\dfrac{4}{21}$	$\dfrac{3}{21}$	$\dfrac{2}{21}$	$\dfrac{1}{21}$

期望 $E(X) = \dfrac{35}{21} \approx 1.67$. (2) $P\{X \geqslant 2\} = \dfrac{10}{21} \approx 0.476$.

3. 设 X 的取值为同时需要调整的部件数，显然 X 为非负整数，又每一部件是否需调整只有两种可能结果(调整与不调整)，于是可引入随机变量 X_i，为此设三大部件中第 i 件需调整的事件为 $A_i(i=1,2,3)$，令 $X_i = \begin{cases} 1, & A_i \text{ 发生}, \\ 0, & A_i \text{ 不发生}, \end{cases}$ 则 X_i 与 X_i^2 的分布律分别为

X_i	0	1
p	$1-P(A_i)$	$P(A_i)$

X_i^2	0	1
p	$1-P(A_i)$	$P(A_i)$

因而 $E(X_i) = P(A_i), E(X_i^2) = P(A_i)(i=1,2,3)$，

$D(X_i) = E(X_i^2) - [E(X_i)]^2 = P(A_i) - [P(A_i)]^2 = P(A_i)[1-P(A_i)]$.

因 $X = X_1 + X_2 + X_3$，且 X_1, X_2, X_3 相互独立，有

$E(X) = E(X_1) + E(X_2) + E(X_3) = P(A_1) + P(A_2) + P(A_3) = 0.1 + 0.2 + 0.3 = 0.6$，

$D(X) = D(X_1) + D(X_2) + D(X_3) = \sum\limits_{i=1}^3 P(A_i)[1-P(A_i)] = 0.1 \times 0.9 + 0.2 \times 0.8 + 0.3 \times 0.7 = 0.46$.

4. σ_1^2, σ_2^2 未知,但相等,$\sigma_1^2 = \sigma_2^2 = \sigma^2$,求两正态总体期望差 $\mu_1 - \mu_2$ 的置信区间应选用随机变量 $T = \dfrac{\overline{X} - \overline{Y} - (\mu_1 - \mu_2)}{S_w \sqrt{\dfrac{1}{n_1} + \dfrac{1}{n_2}}} \sim t(n_1 + n_2 - 2)$,其中 $S_w = \sqrt{\dfrac{(n_1-1)S_1 + (n_2-1)S_2}{n_1 + n_2 - 2}}$. 由 $P\{|t| < t_{\frac{\alpha}{2}}(n_1 + n_2 - 2)\} = P\{|t| < t_{0.025}(4+5-2)\} = 0.95$,知自由度为 7,因此由 $t_{0.025}(7) = 2.365$,得 $\mu_1 - \mu_2$ 的置信度为 0.95 的置信区间为 $\left[\overline{X} - \overline{Y} - 2.365 S_w \sqrt{\dfrac{1}{n_1} + \dfrac{1}{n_2}}, \overline{X} - \overline{Y} + 2.365 S_w \sqrt{\dfrac{1}{n_1} + \dfrac{1}{n_2}}\right]$.

易算得 $\overline{x} = \dfrac{\sum_{i=1}^{4} x_i}{4} = 0.14125, \overline{y} = \dfrac{\sum_{i=1}^{5} y_i}{5} = 0.1392, s_1^2 = 8.24 \times 10^{-6}, s_2^2 = 5.992 \times 10^{-6}, 2.365 S_w \sqrt{\dfrac{1}{n_1} + \dfrac{1}{n_2}} = 0.0042$. 将上述数据代入,得 $\mu_1 - \mu_2$ 的置信度为 0.95 的置信区间为 $(-0.00214, 0.00625)$.

5. 要检验现在生产的铁水的平均含碳量是否仍为 4.55,只需检验假设 $H_0: \mu = \mu_0 = 4.55, H_1: \mu \neq \mu_0$. 此检验问题为正态总体期望的双侧检验问题,由于已知 $\sigma^2 = 0.108^2$,选用统计量 $Z = \dfrac{\overline{X} - \mu_0}{\dfrac{\sigma}{\sqrt{n}}} \sim N(0,1)$ (H_0 为真时). 由 $\alpha = 0.05$,得临界值 $z_{\frac{\alpha}{2}} = 1.96$,而由样本均值 $\overline{x} = 4.484$ 及 $n = 9, \sigma = 0.108$,易算得 Z 的观测值为 $|z| = 1.833 < z_{\frac{\alpha}{2}} = 1.96$,故没有理由拒绝 H_0,即认为现在生产的铁水的平均含碳量仍为 4.55.

概率统计期末模拟试卷三

一、1. 0.3.   2. $\dfrac{5}{8}$.   3. $\sigma_1^2 = \sigma_2^2, \dfrac{S_1^2}{S_2^2}$.   4. $\varnothing$.   5. 46.

二、1. C.   2. D.

三、1. 因分布函数 $F(x) = P\{X \leqslant x\}$ 表示 X 不超过 x 的取值在整个取值中所占的百分比,故可直接应用分布函数的定义求出各分点. 因 $P\{X < x_1\} = P\left\{\dfrac{X-60}{3} < \dfrac{x_1-60}{3}\right\} = \Phi\left(\dfrac{x_1-60}{3}\right) = \dfrac{3}{3+4+5} = 0.25 < 0.5$, $\Phi\left(-\dfrac{x_1-60}{3}\right) = 1 - \Phi\left(\dfrac{x_1-60}{3}\right) = 1 - 0.25 = 0.75$,由题设得 $-\dfrac{x_1-60}{3} = 0.68$,即 $x_1 = 57.96$. $P\{X < x_2\} = P\left\{\dfrac{X-60}{3} < \dfrac{x_2-60}{3}\right\} = \Phi\left(\dfrac{x_2-60}{3}\right) = \dfrac{3+4}{3+4+5} = 0.5833 > 0.5$,同样由题设得 $\dfrac{x_2-60}{3} = 0.21$,即 $x_2 = 60.63$.

2. 由 $\int_{-\infty}^{+\infty} f(x) dx = 1$,得 $\int_{-\infty}^{+\infty} C e^{-\frac{|x|}{a}} dx = 2C \int_0^{+\infty} e^{-\frac{x}{a}} dx = 2aC = 1$,所以 $C = \dfrac{1}{2a}$,即 X 的密度函数为 $f(x) = \dfrac{1}{2a} e^{-\frac{|x|}{a}} (a > 0)$. (2) 当 $x < 0$ 时,$F(x) = \int_{-\infty}^{x} \dfrac{1}{2a} e^{\frac{t}{a}} dt = \dfrac{1}{2} e^{\frac{x}{a}}$;当 $x \geqslant 0$ 时,$F(x) = \int_{-\infty}^{x} \dfrac{1}{2a} e^{-\frac{|t|}{a}} dt = \int_{-\infty}^{0} \dfrac{1}{2a} e^{\frac{t}{a}} dt + \int_0^x \dfrac{1}{2a} e^{-\frac{t}{a}} dt = 1 - \dfrac{1}{2} e^{-\frac{x}{a}}$. 故 $F(x) = \begin{cases} \dfrac{1}{2} e^{\frac{x}{a}}, & x < 0, \\ 1 - \dfrac{1}{2} e^{-\frac{x}{a}}, & x \geqslant 0. \end{cases}$

(3) $P\{|X| < 2\} = P\{-2 < X < 2\} = F(2) - F(-2) = 1 - \dfrac{1}{2} e^{-\frac{2}{a}} - \dfrac{1}{2} e^{-\frac{2}{a}} = 1 - e^{-\frac{2}{a}}$.

3. 总体 X 的数学期望 $E(X) = \int_{-\infty}^{+\infty} x f(x) dx = \int_0^1 (1+\theta) x^{\theta+1} dx = \dfrac{\theta+1}{\theta+2}$,则 $\theta = \dfrac{2E(X)-1}{1-E(X)}$,用 $\overline{X}$ 替代 X,得未知参数 θ 的矩估计量 $\hat{\theta} = \dfrac{2\overline{X}-1}{1-\overline{X}}$. 设 $x_1, x_2, \cdots, x_n$ 是 $X_1, X_2, \cdots, X_n$ 相应的样本值,则似然函数 $L = \begin{cases} (\theta+1)^n \left(\prod_{i=1}^n x_i\right)^\theta, & 0 < x_i < 1, \\ 0, & \text{其他}. \end{cases}$ 当 $0 < x_i < 1 (i = 1, 2, \cdots, n)$ 时,$L > 0$,且 $\ln L = n \ln(\theta+1) + $

166

$\theta\left(\sum_{i=1}^{n}\ln x_i\right)$, $\dfrac{\mathrm{d}(\ln L)}{\mathrm{d}\theta}=\dfrac{n}{\theta+1}+\sum_{i=1}^{n}\ln x_i$, 令 $\dfrac{\mathrm{d}(\ln L)}{\mathrm{d}\theta}=0$, 解得 θ 的极大似然估计值 $\hat{\theta}=-1-\dfrac{n}{\sum_{i=1}^{n}\ln x_i}$, 从而得 θ 的极大似然估计量 $\hat{\theta}=-1-\dfrac{n}{\sum_{i=1}^{n}\ln X_i}$.

4. (X,Y) 的联合概率密度为 $f(x,y)=\begin{cases}1, & 0<x<1, |y|<x,\\ 0, & 其他.\end{cases}$ (1) 关于 X 的边缘概率密度 $f_X(x)=\int_{-\infty}^{+\infty}f(x,y)\mathrm{d}y=\begin{cases}\int_{-x}^{x}1\mathrm{d}y=2x, & 0<x<1,\\ 0, & 其他,\end{cases}$ 关于 Y 的边缘概率密度 $f_Y(y)=\begin{cases}\int_{y}^{1}1\mathrm{d}x,\\ \int_{-y}^{1}1\mathrm{d}x,\end{cases}=\begin{cases}1-y, & 0<y<1,\\ 1+y, & -1<y\leqslant 0,\\ 0, & 其他.\end{cases}$ (2) $P\{X+Y\leqslant 1\}=\iint_{x+y\leqslant 1}f(x,y)\mathrm{d}x\mathrm{d}y$. 积分区域由满足 $f(x,y)\neq 0$ 及 $x+y\leqslant 1$ 的 (x,y) 构成, $D_1:0<x<\dfrac{1}{2},-x<y<x;D_2:\dfrac{1}{2}<x<1,-x<y\leqslant 1-x$. 故 $P\{X+Y\leqslant 1\}=\int_{0}^{\frac{1}{2}}\mathrm{d}x\int_{-x}^{x}1\mathrm{d}y+\int_{\frac{1}{2}}^{1}\mathrm{d}x\int_{-x}^{1-x}1\mathrm{d}y=\dfrac{3}{4}$.

四、1. (1) 由于从乙袋中取球(第二个试验)之前,要从甲袋中任取一球投入乙袋(第一个试验),而从甲袋中取球的结果影响到从乙袋中取球的结果,本题可用全概率公式求解.将第一个试验的样本空间分解,即可求出完备事件组.因从甲袋中任取一球放入乙袋仅有两种可能:取得一白球,或者取得一黑球,分别用 A_1,A_2 表示,则 A_1,A_2 即为所求的一个完备事件组,又设 $B=\{$从乙袋中取得一白球$\}$,显然有 $P(A_1)=\dfrac{2}{3}$, $P(A_2)=\dfrac{1}{3}$, $P(B|A_1)=\dfrac{2}{4}$, $P(B|A_2)=\dfrac{1}{4}$, $P(B)=P(A_1)P(B|A_1)+P(A_2)P(B|A_2)=\dfrac{2}{3}\times\dfrac{2}{4}+\dfrac{1}{3}\times\dfrac{1}{4}\approx 0.417$. (2) 因已知事件 $B=\{$从乙袋中取出白球$\}$ 发生,可用贝叶斯公式求概率. $P(A_1|B)=\dfrac{P(A_1)P(B|A_1)}{P(A_1)P(B|A_1)+P(A_2)P(B|A_2)}=\dfrac{4}{5}=0.8$, $P(A_2|B)=\dfrac{P(A_2)P(B|A_2)}{P(A_1)P(B|A_1)+P(A_2)P(B|A_2)}=\dfrac{1}{5}=0.2$. 由此可知取白色球的可能性大.

2. 依题意可得 X 与 Y 的联合分布律如下:

Y \ X	0	1	2	3
0	0	0	$\dfrac{3}{35}$	$\dfrac{2}{35}$
1	0	$\dfrac{6}{35}$	$\dfrac{12}{35}$	$\dfrac{2}{35}$
2	$\dfrac{1}{35}$	$\dfrac{6}{35}$	$\dfrac{3}{35}$	0

3. 因为 σ^2 未知,所以 (1) $1-\alpha=0.9, t_{\frac{\alpha}{2}}(5)=t_{0.05}(5)=2.0150, \bar{x}=\dfrac{1}{6}\sum_{i=1}^{6}x_i=\dfrac{1}{6}\times 40.069=6.6782, s^2=0.000015$. 所以 μ 的置信度为 0.9 的置信区间为 $\left(\bar{x}\pm\dfrac{s}{\sqrt{6}}t_{0.05}(5)\right)=\left(6.678\pm\dfrac{\sqrt{0.000015}}{\sqrt{6}}\times 2.0150\right)=(6.675,6.681)$. (2) $\bar{x}=\dfrac{1}{5}\sum_{i=1}^{5}x_i=6.664, s^2=0.000009, t_{0.05}(4)=2.1318$. 所以 μ 的置信度为 0.9 的

置信区间为 $\left(\bar{x} \pm \dfrac{s}{\sqrt{5}} t_{0.05}(4)\right) = \left(6.664 \pm \dfrac{0.003}{\sqrt{5}} \times 2.1318\right) = (6.661, 6.667)$.

4. 假设 $H_0: \sigma \leq 0.005, H_1: \sigma > 0.005$. 由 $\alpha = 0.05$，得 $\chi^2_{0.05}(8) = 15.507$，又 $\chi^2 = \dfrac{8 \times 0.007^2}{0.005^2} = 15.68 > 15.507$，故拒绝 H_0，即认为这批导线的标准差显著地偏大.

五、 由题设条件知 $ABC \subset D \Rightarrow P(ABC) \leq P(D), P(A) + P(B) - P(AB) \leq 1 \Rightarrow P(A) + P(B) \leq 1 + P(AB) \Rightarrow P(A) + P(B) + P(C) \leq 1 + P(AB) + P(C) = 1 + P(AB \cup C) + P(ABC) \leq 2 + P(ABC) \leq 2 + P(D)$.

概率统计期末模拟试卷四

一、1. $\dfrac{91}{216}$. **2.** 0.43624. **3.** $\dfrac{3}{16}$; $\dfrac{45}{256}$. **4.** 0.8. **5.** $N\left(\mu, \dfrac{\sigma^2}{n}\right)$.

二、1. D. **2.** B. **3.** A.

三、1. (1) 设 $p = P(A)$，由 X 与 Y 同分布，知 $P(\bar{B}) = P\{Y \leq a\} = P\{X \leq a\} = P(A) = p, P(B) = 1 - p$. 由 $P(A \cup B) = P(A) + P(B) - P(A)P(B) = p + (1-p) - p(1-p) = p^2 - p + 1 = \dfrac{7}{9}$，得 $p_1 = \dfrac{1}{3}, p_2 = \dfrac{2}{3}$. 于是 a 有两个值. 由 $\dfrac{a-1}{2} = p_1$，得 $a_1 = 1 + \dfrac{2}{3} = \dfrac{5}{3}$；由 $\dfrac{a-1}{2} = p_2$，得 $a_2 = 1 + \dfrac{4}{3} = \dfrac{7}{3}$. (2) $E\left(\dfrac{1}{X}\right) = \int_{-\infty}^{+\infty} \dfrac{1}{x} f(x) \mathrm{d}x = \dfrac{1}{2} \int_1^3 \dfrac{1}{x} \mathrm{d}x = \dfrac{1}{2} \ln 3$.

2. $E(X) = \int_{-\infty}^{+\infty}\int_{-\infty}^{+\infty} xf(x,y)\mathrm{d}x\mathrm{d}y = \int_0^1 \mathrm{d}x \int_0^x 12xy^2 \mathrm{d}y = \dfrac{4}{5}$；$E(Y) = \int_{-\infty}^{+\infty}\int_{-\infty}^{+\infty} yf(x,y)\mathrm{d}x\mathrm{d}y = \int_0^1 \mathrm{d}x \int_0^x 12y^3 \mathrm{d}y = \dfrac{3}{5}$；$E(XY) = \int_{-\infty}^{+\infty}\int_{-\infty}^{+\infty} xyf(x,y)\mathrm{d}x\mathrm{d}y = \int_0^1 \mathrm{d}x \int_0^x xy \cdot 12y^2 \mathrm{d}y = \dfrac{1}{2}$；$E(X^2 + Y^2) = \int_{-\infty}^{+\infty}\int_{-\infty}^{+\infty}(x^2+y^2)f(x,y)\mathrm{d}x\mathrm{d}y = \int_0^1 \mathrm{d}x \int_0^x (x^2+y^2) \cdot 12y^2 \mathrm{d}y = \dfrac{16}{15}$.

3. $E(k_1\hat{\theta}_1 + k_2\hat{\theta}_2) = k_1 E(\hat{\theta}_2) + k_2 E(\hat{\theta}_2) = (k_1 + k_2)\theta = \theta$，所以 $k_1 + k_2 = 1$. $D(k_1\hat{\theta}_1 + k_2\hat{\theta}_2) = k_1^2 D(\hat{\theta}_1) + k_2^2 D(\hat{\theta}_2) = k_1^2 \cdot 2D(\hat{\theta}_2) + k_2^2 \cdot D(\hat{\theta}_2) = (2k_1^2 + k_2^2)D(\hat{\theta}_2)$. 为使 $(k_1\hat{\theta}_1 + k_2\hat{\theta}_2)$ 的方差最小，求条件极小值问题 $\begin{cases} k_1 + k_2 = 1, \\ \min\{2k_1^2 + k_2^2\}. \end{cases}$ 将 $k_2 = 1 - k_1$ 代入 $g = 2k_1^2 + k_2^2$ 中，得 $g = 2k_1^2 + (1-k_1)^2 = 3k_1^2 - 2k_1 + 1$. 求 g 关于 k_1 的一阶导数且令其为零，得 $k_1 = \dfrac{1}{3}, k_2 = 1 - k_1 = 1 - \dfrac{1}{3} = \dfrac{2}{3}$.

四、1. 由于批量很大，从中抽取少量产品(5件)可认为不影响产品的优质率，故任取 5 件产品，可视为 5 重伯努利试验，且每次取得优质品的概率为 0.3. 记事件 $A = \{$恰有 2 件优质品$\}$，于是所求概率为 $P(A) = C_5^2 (0.3)^2 (0.7)^{5-2} = 0.3087$.

2. 设 Z 表示商店每周所得的利润，则 $Z = \begin{cases} 1000Y, & Y \leq X, \\ 1000X + 500(Y - X) = 500(X + Y), & Y > X. \end{cases}$ 由于 X 与 Y 的联合概率密度为 $f(x,y) = \begin{cases} \dfrac{1}{100}, & 10 \leq x \leq 20, 10 \leq y \leq 20, \\ 0, & \text{其他}, \end{cases}$ 所以 $E(Z) = \iint_{D_1} 1000y \times \dfrac{1}{100} \mathrm{d}x\mathrm{d}y + \iint_{D_2} 500(x+y) \times \dfrac{1}{100} \mathrm{d}x\mathrm{d}y = 10 \int_{10}^{20} \mathrm{d}y \int_y^{20} y \mathrm{d}x + 5 \int_{10}^{20} \mathrm{d}y \int_{10}^y (x+y) \mathrm{d}x = 10 \int_{10}^{20} y(20-y) \mathrm{d}y + 5 \int_{10}^{20} \left(\dfrac{3}{2}y^2 - 10y - 50\right) \mathrm{d}y = 10 \times \dfrac{2000}{3} + 5 \times 1500 \approx 14166.7 (元)$.

3. 总体方差 σ^2 未知，对总体期望 μ 作区间估计，应选用随机变量 $T = \dfrac{\bar{X} - \mu}{\dfrac{S}{\sqrt{n}}} \sim t(n-1)$. 根据 $P\{|t| \leq$

$t_{\frac{\alpha}{2}}(n-1)\} = 1-\alpha = 0.95$,因自由度为 $10-1=9$,故 $t_{\frac{\alpha}{2}}(n-1) = t_{0.025}(9) = 2.262$,即 $P\left\{\left|\dfrac{\overline{X}-\mu}{\frac{S}{\sqrt{n}}}\right| \leqslant 2.262\right\} =$

0.95.利用不等式变形,得到 $P\left\{\overline{X}-2.262\dfrac{S}{\sqrt{n}} \leqslant \mu \leqslant \overline{X}+2.262\dfrac{S}{\sqrt{n}}\right\}$.于是置信度为 95% 的置信区间为

$\left(\overline{X}-2.262\dfrac{S}{\sqrt{n}}, \overline{X}+2.262\dfrac{S}{\sqrt{n}}\right)$.由所给实验数据,易算得 $\bar{x}=457.5, s=35.218$.将 $\bar{x}, s$ 及 $n=10$ 代入计算,得置信区间为 $(432.3, 482.69)$.

4. 设 $H_0: \mu \geqslant 21$,由样本观测算得 $\bar{x}=\dfrac{340}{17}, s_n^2 = 3.87^2, T=\dfrac{\bar{x}-\mu_0}{s}\sqrt{n} = \dfrac{20-21}{3.87}\sqrt{17} = -1.065$.由 $\alpha = 0.025$,自由度 $17-1=16$,可得临界值 $t_{0.025}(16)=2.12$.由于 $t=-1.065 > -2.12 = -t_{0.025}(16)$,故接受原假设 H_0,即可认为该批罐头的维生素 C 含量是合格的.

5. 设各零件的重量为 $X_i, i=1,2,\cdots,5000, E(X_i)=0.5, D(X_i)=0.1^2, i=1,2,\cdots,5000$.记 $X=\sum_{i=1}^{5000}X_i$,则 $E(X)=5000\times 0.5 = 2500, D(X)=50$.由中心极限定理知,近似地有 $\dfrac{X-2500}{\sqrt{50}} \sim N(0,1)$,故所求概率为 $P\{X>2510\} = P\left\{\dfrac{X-2500}{\sqrt{50}} > \dfrac{2510-2500}{\sqrt{50}}\right\} \approx 1-\Phi(1.414) = 1-0.9213 = 0.0787$.

概率统计期末真题一

一、**1.** $3p^2(1-p)^2$. **2.** $\dfrac{1}{9}$. **3.** 46. **4.** $\dfrac{3}{4}$. **5.** $F(n,m)$. **6.** $\dfrac{1}{12}$.

二、**1.** C. **2.** D. **3.** B. **4.** B.

三、**1.** $E(X) = \int_0^1\left[\int_0^{2(1-x)}x\,\mathrm{d}y\right]\mathrm{d}x = \dfrac{1}{3}$; $E(X^2) = \int_0^1\left[\int_0^{2(1-x)}x^2\,\mathrm{d}y\right]\mathrm{d}x = \dfrac{1}{6}$, $D(X) = E(X^2)-[E(x)]^2 = \dfrac{1}{6}-\left(\dfrac{1}{3}\right)^2 = \dfrac{1}{18}$; $E(Y) = \int_0^1\left[\int_0^{2(1-x)}y\,\mathrm{d}y\right]\mathrm{d}x = \dfrac{2}{3}$, $E(Y^2) = \int_0^1\left[\int_0^{2(1-x)}y^2\,\mathrm{d}y\right]\mathrm{d}x = \dfrac{2}{3}$, $D(Y) = E(Y^2)-[E(Y)]^2 = \dfrac{2}{3}-\left(\dfrac{2}{3}\right)^2 = \dfrac{2}{9}$; $E(XY) = \int_0^1\left[\int_0^{2(1-x)}xy\,\mathrm{d}y\right]\mathrm{d}x = \dfrac{1}{6}$, $\mathrm{Cov}(X,Y) = E(XY)-E(X)E(Y) = \dfrac{1}{6} - \dfrac{1}{3}\times\dfrac{2}{3} = -\dfrac{1}{18}$; $\rho_{XY} = \dfrac{\mathrm{Cov}(X,Y)}{\sqrt{D(X)}\sqrt{D(Y)}} = \dfrac{-\frac{1}{18}}{\sqrt{\frac{1}{18}\times\frac{2}{9}}} = -\dfrac{1}{2}$.因 $\rho_{XY}\neq 0$,故 X 与 Y 不独立.

2. (1) $f(x;\alpha,\beta) = \begin{cases}\dfrac{\beta\alpha^\beta}{x^{\beta+1}}, & x>\alpha, \\ 0, & x\leqslant\alpha,\end{cases}$ $E(X) = \int_1^{+\infty}x\,\dfrac{\beta}{x^{\beta+1}}\mathrm{d}x = \dfrac{\beta}{\beta-1}\stackrel{\triangle}{=}\overline{X}$,得 $\hat{\beta} = \dfrac{\overline{X}}{\overline{X}-1}$. (2) $f(x;\alpha) = \begin{cases}\dfrac{2\alpha^2}{x^3}, & x>\alpha, \\ 0, & x\leqslant\alpha,\end{cases}$ $L(\alpha) = \begin{cases}\dfrac{2^n\alpha^{2n}}{(x_1x_2\cdots x_n)^3}, & x_i>\alpha, \\ 0, & \text{其他}\end{cases}(i=1,2,\cdots,n), L(\alpha)$ 关于 α 单调递增,得 $\hat{\alpha} = \min(X_1,X_2,\cdots,X_n)$.

四、**1.** 设 $X_i(i=1,2,\cdots,n)$ 为装运的第 i 箱的重量(单位:kg),n 箱总重量 $T_n = \sum_{i=1}^n X_i$,则 $E(T_n) = 50n$, $\sqrt{D(T_n)} = 5\sqrt{n}$,故 $P\{T_n\leqslant 5000\} = P\left\{\dfrac{T_n-50n}{5\sqrt{n}}\leqslant\dfrac{5000-50n}{5\sqrt{n}}\right\} \approx \Phi\left(\dfrac{1000-10n}{\sqrt{n}}\right) > 0.977 = \Phi(2)$,由 $\dfrac{1000-10n}{\sqrt{n}}>2$,得 $n<98.0199$,即最多可以装 98 箱.

2. 设 $A_i = \{$报名表是第 i 个地区的$\}(i=1,2,3), B_j = \{$第 j 次抽到的报名表是女生的$\}(j=1,2)$.

(1) $p = P(B_1) = \sum_{i=1}^{3} P(A_i)P(B_1 \mid A_i) = \frac{1}{3}\left(\frac{3}{10} + \frac{7}{15} + \frac{5}{25}\right) = \frac{29}{90}$. (2) $P(B_1\bar{B}_2) = \sum_{i=1}^{3} P(A_i)P(B_1\bar{B}_2 \mid A_i) = \frac{1}{3}\left(\frac{3}{10} \times \frac{7}{9} + \frac{7}{15} \times \frac{8}{14} + \frac{5}{25} \times \frac{20}{24}\right) = \frac{20}{90}$,由抽签原理可知 $P(\bar{B}_2) = P(\bar{B}_1) = \frac{61}{90}$,$q = P(B_1 \mid \bar{B}_2) = \frac{P(B_1\bar{B}_2)}{P(\bar{B}_2)} = \frac{20}{90} \times \frac{90}{61} = \frac{20}{61}$.

3. (1) 由 $\int_{1000}^{+\infty} \frac{k}{x^2} dx = 1$,求得 $k = 1000$. (2) $P\{X \geq 1500\} = \int_{1500}^{+\infty} \frac{1000}{x^2} dx = \frac{2}{3}$,记 Y 为任取 5 只中使用寿命大于 1500 h 的管子数,则 $Y \sim B\left(5, \frac{2}{3}\right)$. $P\{Y \geq 2\} = 1 - P(0) - P(1) = 1 - \left(\frac{1}{3}\right)^5 - 5\left(\frac{1}{3}\right)^4\left(\frac{2}{3}\right) = 0.9547$.

4. $\bar{x} = 457.5$,$s = 35.218$,置信区间为 $\left(\bar{X} - \frac{2.262S}{\sqrt{n}}, \bar{X} + \frac{2.262S}{\sqrt{n}}\right) = (432.3, 482.69)$.

5. 设 $H_0: \mu = \mu_0 = 500$,$H_1: \mu \neq 500$. $|t| = \left|\frac{\bar{x} - \mu_0}{\frac{s}{\sqrt{n}}}\right| = \left|\frac{499 - 500}{\frac{16.03}{\sqrt{9}}}\right| = 0.187 < 2.306$,故接受 H_0,可以认为平均每袋盐的净重为 500 g,即机器包装没有产生系统误差. 设 $H_0': \sigma^2 \leq \sigma_0^2 = 10^2$,$H_1': \sigma^2 > 10^2$. $\chi^2 = \frac{(n-1)s^2}{10^2} = \frac{(9-1) \times 16.03^2}{10^2} = 20.56 > 15.5$. 故拒绝 H_0',即认为其方差超过 100 g,包装机工作不够稳定. 因此在显著性水平 $\alpha = 0.05$ 下,可以认定这一天包装工作不够正常.

概率统计期末真题二

一、1. $\frac{1}{4}$. 2. $\frac{1}{2}$. 3. 2. 4. $\frac{1}{10}$. 5. $\frac{1}{3}$.

二、1. D. 2. C. 3. A. 4. D. 5. B.

三、1. $f_Y(y) = \int_{-\infty}^{+\infty} f(x,y) dx = \begin{cases} \int_{-\sqrt{y}}^{\sqrt{y}} \frac{21}{4}x^2 y \, dx = \frac{7}{2}y^{\frac{5}{2}}, & 0 \leq y \leq 1, \\ 0, & \text{其他}, \end{cases}$ $f_X(x) = \int_{-\infty}^{+\infty} f(x,y) dy = \begin{cases} \int_{x^2}^{1} \frac{21}{4}x^2 y \, dy = \frac{21}{8}(x^2 - x^6), & -1 \leq x \leq 1, \\ 0, & \text{其他}. \end{cases}$

2. $E(X) = \iint_{R^2} xf(x,y) dxdy = \int_0^1 dx \int_{-x}^{x} x \, dy = \int_0^1 2x^2 dx = \frac{2}{3}$,$E(Y) = \iint_{R^2} yf(x,y) dxdy = \int_0^1 dx \int_{-x}^{x} y \, dy = 0$,$E(X^2) = \iint_{R^2} x^2 f(x,y) dxdy = \int_0^1 x^2 dx \int_{-x}^{x} dy = \int_0^1 2x^3 dx = \frac{1}{2}$,$D(X) = E(X^2) - [E(X)]^2 = \frac{1}{2} - \frac{4}{9} = \frac{1}{18}$,$E(Y^2) = \int_0^1 dx \int_{-x}^{x} y^2 dy = 2\int_0^1 \frac{x^3}{3} dx = \frac{1}{6}$,$D(Y) = E(Y^2) - [E(Y)]^2 = \frac{1}{6}$,$E(XY) = \int_0^1 dx \int_{-x}^{x} xy \, dy = 0$,$\text{Cov}(X,Y) = E(XY) - E(X)E(Y) = 0$,$\rho_{XY} = \frac{\text{Cov}(X,Y)}{\sqrt{D(X)}\sqrt{D(Y)}} = 0$.

3. $E(X) = \int_0^1 x \theta x^{\theta-1} dx = \frac{\theta}{\theta+1}$. 令 $E(X) = \bar{X}$,得 $\frac{\theta}{\theta+1} = \bar{X} \Rightarrow \hat{\theta}_{矩} = \frac{\bar{X}}{1-\bar{X}}$,$\ln L(x_1, \cdots, x_n; \theta) = \ln\left(\theta^n \prod_{i=1}^{n} x_i^{\theta-1}\right) = n\ln\theta + (\theta-1)\sum_{i=1}^{n} \ln x_i$. 令 $\frac{d(\ln L)}{d\theta} = \frac{n}{\theta} + \sum_{i=1}^{n} \ln x_i = 0$,得 $\hat{\theta}_{极} = \frac{-n}{\sum_{i}^{n} \ln x_i}$.

四、1. 设事件 A 表示"邮件为垃圾邮件",事件 B 表示"邮件被判为垃圾邮件". 由题意:$P(A) = 0.8$,$P(B|A) = 0.95$,$P(B|\bar{A}) = 0.05$,$P(\bar{A}) = 1 - 0.8 = 0.2$,$P(B) = P(B|A)P(A) + P(B|\bar{A})P(\bar{A}) = 0.95 \times$

$0.8+0.05\times 0.2=0.77, P(\overline{A}|B)=\dfrac{P(B|\overline{A})P(\overline{A})}{P(B)}=\dfrac{0.05\times 0.2}{0.77}=0.013.$

2. $X_1, X_2, \cdots, X_{18}$ 独立同分布, $E(X_i)=0, D(X_i)=2(i=1,2,\cdots,18)$. 由林德伯格-勒维中心极限定理知：

$$P\left\{-4\leqslant \sum_{i=1}^{18}X_i\leqslant 4\right\}=P\left\{\dfrac{-4}{\sqrt{18\times 2}}\leqslant \dfrac{\sum_{i=1}^{18}X_i}{\sqrt{18\times 2}}\leqslant \dfrac{4}{\sqrt{18\times 2}}\right\}\approx \Phi\left(\dfrac{2}{3}\right)-\Phi\left(-\dfrac{2}{3}\right)=2\Phi\left(\dfrac{2}{3}\right)-1=$$

$2\times 0.747-1=0.494.$

3. μ 未知，估计 σ^2. 由 $\chi^2=\dfrac{(n-1)S^2}{\sigma^2}\sim \chi^2(n-1)$，得置信度为 $1-\alpha$ 的置信区间为 $\left(\dfrac{(n-1)S^2}{\chi^2_{\frac{\alpha}{2}}(n-1)},\dfrac{(n-1)S^2}{\chi^2_{1-\frac{\alpha}{2}}(n-1)}\right)$.

由 $n=20, s^2=497^2, \alpha=0.1, \chi^2_{0.05}(19)=30.144, \chi^2_{0.95}(19)=10.117$，得置信区间为 $(155691.71, 463889.59)$.

4. $H_0:\mu=70, H_1:\mu\neq 70$. 因为 σ^2 未知，故用 t 检验法. 当 H_0 为真时，检验统计量 $T=\dfrac{\overline{X}-\mu_0}{\frac{S}{\sqrt{n}}}=\dfrac{\overline{X}-70}{\frac{S}{\sqrt{n}}}\sim$

$t(n-1)$，故拒绝域为 $|t|=\dfrac{|\bar{x}-70|}{\frac{s}{\sqrt{n}}}\geqslant t_{\frac{\alpha}{2}}(n-1)$. 由 $n=36, \bar{x}=66.5, s=15, t_{0.025}(35)=2.0301$，得

$|t|=\dfrac{|66.5-70|}{\frac{15}{\sqrt{36}}}=1.4<2.0301$，故接受 H_0，认为全体考生的平均成绩是 70 分.